アイリスオーヤマ
強さを生み出す5つの力

村松 進 日経産業新聞副編集長
MURAMATSU SUSUMU

日本経済新聞出版

IRIS
OHYAMA

本書掲載の写真について

[アイリスオーヤマ提供]

図表1-1、図表1-2、図表1-5、図表1-6、図表1-7、図表2-2、図表2-7、図表2-9、
図表3-1、図表3-2、図表3-6、図表5-2、図表5-4、図表5-5

[NIKKEI LIVE]

図表2-1、図表2-3、図表3-8上、図表4-1

[日本経済新聞社／著者撮影]

図表3-4、図表3-7、図表3-8下、図表4-2、図表4-3、図表4-6、図表5-1、図表5-8、
カバー・帯写真

まえがき――強さの仕組みを解剖する

アイリスオーヤマの商品と言えば、まず何を思い浮かべますか。新型コロナウイルスの流行で需要が急増したマスクが典型例かもしれません。掃除機やエアコン、ＬＥＤ照明などの家電製品を連想する方もいらっしゃるでしょう。ペット用品や、衣類を収納する透明なケースを思い出す方もいると思います。

それではアイリスの本社がどこにあるか、ご存じですか。東京の会社だとお考えの方もいるのではないでしょうか。正しくは宮城県の仙台市です。さらに言えば出発点は大阪府で、現在の東大阪市にあったプラスチック加工の工場でした。

アイリスオーヤマの大山健太郎会長は大阪で町工場を営む父親の下に生まれ、父の死去に伴って19歳で家業の「大山ブロー工業所」を継ぎました。１９６４年のことです。当時の従業員は５人だけでした。それが２０２３年１月の段階では６０００人を超えています。

２０２３年１月中旬に発表した決算速報で、２０２２年12月期のグループ全体の売上高は７９００億円、経常利益が３６５億円でした。為替の円安傾向や原料高、世界的な供給網の混乱といった強い逆風を受け、前の期と比べて減収減益となりました。今後は日本国内への設備投資などに力を入れて挽回を目指します。

しかしアイリスが逆風を受けるのは初めてではありません。これまでも石油危機のような逆境を経験し、それらを克服して強くなってきました。そして今回も厳しい環境にありながら、ベースアップを含めた賃上げを実施すると公表しました。

私は２０１５年から日本経済新聞社の仙台支局と東京本社でアイリスオーヤマを取材してきました。大山会長は自社を「仕組みで運営している会社」だと表現します。仕組みとは何を指すのでしょう。成長を達成してきた秘訣がどこにあるのか考えたとき、背景には「５つの力」があると私は考えています。

それは「人事の力」「共有の力」「地方の力」「失敗の力」「変化の力」です。本書では、それぞれの力を解説したいと考えています。

大山会長は日本経済新聞で「私の履歴書」を連載し『アイリスオーヤマの経営理念　大山健太郎　私の履歴書』として出版しました。このように経営者としての歩みや発想を自ら語った書籍は何冊か存在します。

それに対して本書では大山会長や大山晃弘社長、多くの幹部や生産現場などを記者として取材した結果を基に、アイリスがどんな仕組みで成り立っているかに重点を置きます。言い換えればアイリスオーヤマという会社を「解剖」し、その強さの源泉や今後の課題などを探る内容です。

多くの日本企業は原料高や複雑な国際情勢に苦しみ、危機の状況が続いています。アイリスは東北に本社を置く地方企業ですが、大山会長は石油危機やバブル崩壊、東日本大震災など様々な危機を乗り越えて町工場をグローバル企業に育てました。大山社長はそれを引き継ぎ、さらに強くしようとしています。

アイリスが備える「5つの力」には、多くの日本企業の参考となる要素が多いと考えています。本書の内容は注意書きがある部分を除き、2023年3月時点の状況に基づいています。各地の事業所や幹部などを取材し、日本経済新聞や日経産業新聞、日経電子版で掲載した内容や肩書、事実関係などは原則として取材当時のままとしています。

大山会長は「ピンチはチャンス。大ピンチはビッグチャンス」と説きます。アイリスオーヤマは成功体験だけで成り立っている企業ではありません。多くの困難に直面し、知恵を絞りながら苦闘してきました。そして現在も苦難を乗り越えようとしています。そんな苦労の末に生み出した「5つの力」を、幅広い企業に取り入れていただきたいと願っています。

2023年5月

日本経済新聞社　日経産業新聞副編集長　村松　進

アイリスオーヤマ　強さを生み出す5つの力　目次

第2章 共有の力

第3章 地方の力

第4章 失敗の力

第5章 変化の力

人事の力

第1章

アイリスオーヤマ

強さを生み出す5つの力

1 「運」を排除する評価の仕組み

実績だけでは評価せず

アイリスオーヤマの役員は2月、長期出張などの予定をほとんど入れることができない。2週間にわたって大勢の部下が書いた「論文」と向き合い、人事考課をしなければならないからだ。

一般的に企業の人事考課は社員が獲得した注文や担当する事業の売上高、研究開発の成功事例、取得できた特許などの実績で決まる。アイリスでも各自の実績が考課結果を左右するが、その割合は全体の3分の1にとどまる。残る3分の2は上司や同僚など多くの社員が様々な視点で人材の価値を見極める「360度評価」と、事前に与えられた課題に沿

[図表1-1]

実績とプレゼン、360度評価を合算

❶ まず営業や開発などの成果を評価

↓

❷ 課題に沿って論文を書く

↓

❸ 役員や同僚の前で論文の内容をプレゼンテーション

↓

❹ 部下や上司、関連部署などが「360度」から1人を評価

↓

❺ すべての判定を合算した結果が人事考課に

↓

❻ 上司だけ、部下だけの評価が良くても好成績は無理

って本人が書く論文、さらに論文の内容に基づくプレゼンテーションで決まる。

大山健太郎会長は考課について「業績や実績だけで社員を評価してはいけない。そこには幸運や不運の要素もある」と社内で説く。どういう意味なのか。「ある拠点で勤める社員の営業成績が良かったとしても、その年に大きな取引があったことが原因かもしれない。他の場所にいれば成績は低かった可能性もあり、個人の能力を正確に示すものではない」。そんな「運次第」とも言える要素を排除して大山会長が編み出した評価手法が「実績とプレゼンテーション、360度評価の合算」だ。

「論文」を重視する理由

アイリスオーヤマでは主任や係長、課長、部長といった「幹部社員」は毎年1回、経営陣が設定した様々な課題にあわせて「論文」を書く。テーマは「事業計画を達成するために自分の部署は何をすべきか」といった具体的な内容から「部下を育てるには何が必要か」「幹部社員としての人間力をどう高めるか」など幅広い。

アイリスの人事部門の担当者は「各人の考え方のレベルを見極めることが、論文を書かせる最大の目的だ」と話したことがある。係長や課長の水準であっても経営者と同じ目線に立つような意識を持ち、自社を改善する方向性や具体策を示した論文が高い評価を得る。

論文は昇進の速度も左右する。主任から係長を選ぶ場合ならば主任全員が複数グループに分かれて、役員や同僚の前で自身の論文に沿ってプレゼンテーションをする。その優劣を見極めるのは役員だけではない。「聴衆」である同僚たちも自分の判断で点数を付ける。この点数に過去の実績などを加えて判断した結果、誰を昇進させるか決まる仕組みだ。アイリスオーヤマでは、プレゼンテーションを経由せずに役職を上げることはできない。

一般的な企業では、どの社員を昇進させて上位の役職に就けるかは経営陣や直属の上司が判断する場合が多い。これに対してアイリスでは「選別される側の社員」も考課の過程に参加する。「昇格者に選ばれなかった社員も優秀な同僚のプレゼンを自分の目で見て、さらに自身も評価に加わっている。だから納得しやすい」と担当者は話す。

人事考課の透明性を確保する工夫は他にもある。実績や論文と並んで昇進にかかわる「360度評価」では、1人の社員の成果を多くの社員が一斉に判定する。評価者は上司や部下、関連する部署の社員などが務める。上司だけ、または部下からの評価だけが高くても、好成績を得ることは望めない。

「イエローカード」と再挑戦

評価結果が出れば一般的な日本企業は「S」や「AA」などの分類で知らせるが、アイリスオーヤマは違う。主任や係長など、同列の役職の中で何位だったかを個別に知らせる。社内で順位を公表するわけではないが、各自が「昨年は65位だったが今年は31位だ」など、自身の「立ち位置」を常に意識しながら働くことになる。順位の変動はモチベーションであり、プレッシャーでもある。

成績が下位の1割に入った幹部社員には内密に「気づきカード」を出す。これはサッカーの「イエローカード」に近い考え方で、社員に仕事の手法を再考するように促す仕組みだ。そして当人だけに考えさせるのではなく、指導役の社員を個別に付けて1対1で改善の手法を一緒に考える。それでも2年連続でイエローカードを受けることがあれば「降格」となる。

日本企業の多くは現在でも年功序列の要素を残し、社歴と役職には一定の連動性があ

［図表1-2］
順位を明確にして下位には個別指導

1. 同じ役職の中で何位だったか本人だけに伝達

↓

2. 成績が下位10％の幹部社員には内密に「気づきカード」

↓

3. 指導役の社員を付けて1対1で改善の手法を考案

↓

4. 2年連続でカードが出れば降格

↓

5. 翌年の考課が高ければ再び昇格できる

る。恒常的に降格する仕組みを持つところは少ない。それでも大山健太郎会長は自社の人事評価制度について「すごく優しい仕組みだ」と表現する。「1回勝負」ともいえる営業実績や研究開発などの結果だけで判定するのではなく、周囲の評価やプレゼンの出来栄えも判断材料に加えて、総合的に成果を判定する。そして1回の考課で降格させるのではなく、指導者を付けて挽回の機会を設ける。

「僕は働く人にとって働きがい、やりがいのある仕組みをつくろうと考えた。どこの学校を出たとか偏差値とか、そういうのは関係ない」とも大山会長は語る。十分な成績を残して上司や部下から高い評価を受け、プレゼンで自身の考えを周囲に納得させれば、年齢に関係なく重責を担う。仮にイエローカードを得て降格しても、それが将来にわたって固定されるわけではない。次の評価で高い成績を残せば昇格することができる。厳しい側面もあるが、透明でシンプルな仕組みといえる。

大切なのはエンパシー

いま幅広い企業が若手社員の離職防止や組織全体のモチベーション向上を重要な課題と

位置づけている。大山会長はアイリスが大阪でプラスチック製品を加工する下請け工場だった時期から、優秀な人材を確保することに苦心してきた。社員の士気改善にかける思いは強く、それを実現する仕組みづくりにつながった。

社員全員が常に高い意欲を持って働き続ける会社はほとんど存在しない。新規事業などのプロジェクトが始まる場合を例にとれば「自分はできれば関与せず、既存の仕事だけをしていいたい」と考える社員が出てくることは避けられない。そんな社員も巻き込んでやる気を引き出すために「大切なのはストーリーだ」と大山会長は説く。

アイリスオーヤマが家電や日用品などの新商品を開発する際は「利用者を便利にするには、どうすればいいか」というストーリーを社員が考え、大山晃弘社長をはじめとする経営陣に自身のアイデアをプレゼンテーションする。ここでもプレゼンが重要だ。1回で提案が通ることはほとんどなく、何度も挑戦を繰り返す。この過程で、アイリスが重視する「生活者目線」のコンセプトが社員に浸透する。ストーリーとコンセプトが、多くの社員に日々の仕事への意欲を持たせる。

そのうえで大山会長は「一番大切なのは戦略を明確にして、互いに共有することだ。エンパシー（共感、感情移入）が大事で、スポーツの監督と同じだ」と力を込める。「監督が考えたことを、いかにメンバーで共有するかで勝負が決まる。いくら監督が選手に指示しても、選手が白けていては駄目だ。監督の考えと選手の考えを一致させ、共感させることが必要だ」。かつて従業員が数十人だった時期には、自身の考えを全員に伝えることは簡単だった。規模が大きくなっても社員全員と考え方を一致させるため、知恵を絞っている。

これを大山会長は「社員の心に火をつける」と表現する。「スポーツで『俺のために頑張ってくれ』と言っても選手は燃えないが『あと1点を取って、みんなで勝とう』と言えば士気が上がる」。経営者が目標を達成するため社員にかける言葉は自分のためなのか、それとも会社全体のためか。その違いを社員たちは敏感に感じ取る。エンパシー抜きで社員の心を動かすことは決してできない。

「サラリーマンもプロフェッショナル」

成績下位の社員に「気づきカード」を出す意義や狙いについて大山会長は、こう話す。「サッカーのイエローカードは選手や観衆など全員に見えるが、気づきカードは本人にしか分からないようにしている。それが思いやりで、リカバリーの努力をしろということだ」。1対1で内密に指導するコーチ役の社員はイエローカードを受けた社員に、まず360度評価の結果を提示する。そのうえで自己評価と「周囲からの見え方」の違いがどうなっているか解説する。

社員は自分なりの最善を尽くして働くが、その仕事の進め方が上司や部下から高く評価されているとは限らない。自分自身の考えや働き方と周囲の評価のギャップを認識し、それを埋めながら改善点を一緒に探していく。そして「サラリーマンもプロフェッショナルだ。野球のスター選手でも、不調ならば2軍に落ちる。降格がない会社の方が不自然だと思う。落ちたなら、次に頑張ればいい」と大山会長は言う。

アイリスオーヤマの人事制度は高速道路などに例えて「3車線」になっており、高い人事評価を得て「追い越し車線」を走って素早く昇格する社員がいる。その半面で低い評価を繰り返せば、低速で「登坂車線」を走り続けることもある。長く働いていれば社員本人や家族には様々な事情が生まれる。状況に応じて普通車線や追い越し車線、登坂車線を使い分けながら進んでいくのがアイリスの昇進スタイルだ。

大山会長は「34歳で執行役員になる人間もいれば、50歳で課長止まりの人間もいる。む

［図表1-3］
昇進は「3車線」の仕組みで

1. 追い越し車線、普通車線、登坂車線の3ルートが存在
↓
2. 高い評価を得れば「先輩社員」を追い越して昇格
↓
3. 評価が低ければ昇進の速度も遅い「登坂車線」に
↓
4. 大山会長「みんながスターにあこがれる組織をつくる」

しろ、それが平等だと思う」と自身の考えを明かす。これもスポーツに例えて「野球やサッカーでも、スター選手がどんどん出てくる。社内で追い越された人はマイナスの感情を持つかもしれないが、スター社員を見ると『俺もああいう人になりたい』という気持ちになる」と表現する。かわいそうだから社員の評価に差を付けにくいという組織ではなく「みんながスターにあこがれる組織をつくるべきだ」と全社的な意識の変革を説く。

2 原点は石油危機

需要地の近くに工場を建設

アイリスオーヤマが「人事の力」を重視するようになった原点は、石油危機にある。

1970年ごろ、アイリスの主力商品は稲の苗を育てる「育苗箱」などプラスチック製の農業資材だった。大阪の工場で生産し、主に東北や北海道に向けて出荷していた。当時の育苗箱は木製が多く、耐久性などに問題があった。軽くて取り扱いが容易なプラスチック製品の人気は高く、順調に売り上げを伸ばす。顧客からは「地元に工場を建てて、商品を素早く持ってきてほしい」と声が上がった。

プラスチック製品はかさばるため、大阪の工場から東北や北海道へ輸送すると費用が膨らむ。顧客の近くで作ればコストを節約できる。大山氏は日本地図を眺めながら、工場の建設地を考えた。注目したのが北海道と東京の中間にあたる場所で、東北各地にも商品を届けやすい宮城県だった。現在も仙台市に本社を置いている出発点がここにある。

ただし、このころに大山氏の母は「無理して東北に行かなくてもいいんじゃないの」と話し、東北への工場進出には消極的だった。「家族が食べられるだけ稼げればいいんだから無理しないで」と言うこともあった。

しかし当時の大山氏はチャンスを逃さないために創業の地である大阪に続き、宮城県で工場を建設することを決断する。稼働したのは1972年だ。大山氏が父から下請け工場の大山ブロー工業所を継いだときに500万円だった売上高は7億6000万円へと急拡大していた。

「二度と人員削減はしない」

翌年の1973年には第4次中東戦争が始まり、原油の価格が急騰する。石油危機だ。当時は宮城県の新工場で商品を作れば作るほど売れる状態だった。1975年の売上高は

14億7000万円で、宮城県の工場を稼働させた時期と比べても約2倍になっていた。

しかし、ここから状況は一気に暗転する。翌年には商品が全く売れなくなり、急激な値崩れが始まった。今まで売れていたのは問屋が「原油価格はさらに上昇する」と見込んで、在庫を積み増していただけだったのだ。自社の商品が売れない理由を見極めようと大山氏が取引先の倉庫に行くと、そこでは自社や他社のプラスチック製品が大量に積み上がっていた。

競合他社は赤字覚悟で「投げ売り」を繰り返し、問屋からは値下げ要求や取引停止の通告が相次ぐ。売上高は急減し、10年かけて蓄えた資金は2年間で底をついた。発行した手形を落とす資金もなく、大山氏は取引先に頭を下げて「ジャンプ」と呼ばれる支払期日の延期を頼んで回る日々だった。

「同じ相手に3回連続でお願いしたこともある。愛想良くしてくれていた取引相手が手のひらを返して冷たくなる経験を、何度もした」。大山氏は当時のつらい記憶を、こう振り返る。

東京の取引先を回って工場がある大阪へ新幹線で帰る途中では、何度も「会社をたたんでしまおうか」と考えた。それでも列車が名古屋や京都を過ぎ、大阪が近づくと「後戻りはできない。前に進もう」という気持ちになる。そんな弱気と強気の感情を繰り返していた。

そして、ついに「会社を残すためには事業を縮小して出直すしかない」と決断する。当時の状況で大阪と宮城という2カ所の工場を持ち続ける余力はなかった。「宮城の新工場を残し、創業の地である大阪の工場をたたむしかない」と大山氏は決意を固める。この意思を母に話すと、涙を流しながら「東北に行ったりするから、こんなことになったんだ」と言われてしまった。「あのときの気持ちは忘れられない」。大山会長はその日の思いを、こう話したことがある。

もっとつらかったのは苦労して採用し、従業員というよりも仲間だと思っていた大阪の工場に勤める約50人との別れだった。ほとんどは大山氏が声をかけ、就職を呼びかけた人たちだ。工場の閉鎖を謝りながら宮城県への転勤を打診したが、応じてくれたのは数人だけだった。当時の大山氏は32歳で、自分より年上の従業員も退社することになった。単なる人員削減とは違い、大山氏が自分で集めた仲間たちに退職を求めた格好だ。当時の心境について、こう語ったことがある。「自分の体が切り取られるような気持ちだった」

この経験を経て大山氏は「二度と人員削減はしない」と誓う。社員の働きを正当に評価

［図表1-4］
石油危機の失敗

1. 第4次中東戦争で原油価格が急騰
↓
2. 問屋から大量の注文が来て出荷拡大
↓
3. 翌年には売り上げが急減し、値崩れが発生
↓
4. 注文は実際の需要を反映していなかった
↓
5. 創業の地である大阪の工場を閉鎖し、従業員を解雇

し、企業を存続させて報酬で報いると決意した。後にアイリスオーヤマは企業理念として「会社の目的は永遠に存続すること」や「会社が良くなると社員が良くなり、社員が良くなると会社が良くなる仕組みづくり」という文言を掲げる。社員の力を最大限に引き出す仕組みを考案し、現在も改善を重ね続けている。

3 新人研修にも「人事の力」

新入社員が着けるリボン

アイリスオーヤマの「人事の力」は新人研修でも発揮される。2021年に取材した。高校や大学などを出て入社してきた社員たちは研修を受けるが、その衣服には複数のリボンを着けている。リボンは「基本マナー」や「報告訓練」など、若手社員が獲得すべきスキルを示す。

新人が研修の内容を理解し、審査を受けて「該当するスキルを身につけた」という判断を受ければリボンを外すことができる。1週間ですべて外す新人もいれば、時間がかかる場合もある。自身の「立ち位置」を意識し、目標を達成することを求めるアイリスの流儀は、ここから始まる。

ただし、これは社会人になったばかりの若者には厳しい試練といえる。自分が「何をできていないか」を目で見えるように周囲に示し続けることは、若手社員でなくても強いプレッシャーだ。それでも大山健太郎会長は言う。「私は昭和の人間で、いわゆる『Z世代』とは人生観が違う。しかし共通していることは、やりがいや達成感を得ることだ」

アイリスオーヤマは人事評価で上司や同僚、部下からの評価を重視する。研修で力を注ぐのは自己評価と「周囲からの視線」のギャップを埋めることだ。自分では達成できていると思うことを審査者に否定されることは大きなストレスだが、それを克服し、自身を変革することを求める。そして「大きな実績を残したスターにあこがれる組織をつくる」という意識の出発点も、ここにある。

「新人のうちから実績の差が目に見えるのはかわいそうだから控える」のではなく、素早く課題を達成した新人が周囲からの称賛を集めるようにする。そんな「人事評価の可視化」だといえる。

［図表1-5］

新人研修の到達度合いをリボンで示す

❶ 社員として必要なスキルを明示する

- 基本マナー
- 基本理念
- 報告訓練
- 研修参加報告書
- 私の抱負

↓

❷ 審査に合格すればリボンを外す

↓

❸ コミュニケーション能力を求める

多様な人材を生かす

求める人材が多様なことも「人事の力」を支えている。新卒採用の際に「大卒見込み、またはそれに相当する以上の学歴」を応募条件に設定する企業もあるが、アイリスは異なる。２０２３年の新卒採用では高卒者が３割を占めている。

そしてアイリスオーヤマの２０２３年4月時点の採用サイトには「タイプ別職種診断」がある。「決断するときは即断即決か、よく考えて決めるか」などいくつかの質問を経て「猪突猛進タイプ」や「台風の目タイプ」「最強の右腕タイプ」「なるほど発明家タイプ」などと判定する仕組みだ。それぞれにリテール営業や家電開発、人事、生産技術など向いている可能性がある職種も提示している。応募する学生に自身の特徴や強みを意識してもらい、人材の多様性を重視する姿勢が表れている。

「大企業病」を防げるか

一方で、幅広い世代が価値観を共有することは難しい。重要なのは部下を評価する上司と評価される部下がともに納得し、部下が仕事の達成感を得られる仕組みをつくることだ。その意味でアイリスオーヤマの「実績、360度、プレゼン」の3分割には意義がある。

それでも若手人材の価値観は今後さらに変わり続け、現在の仕組みが有効に機能しなくなる可能性も考えられる。そうなったとき、改めて最適な仕組みを構築することができるか。これは重要な問題だ。

そして同僚との優劣を強く意識させる流儀に、若い世代がどこまでついてくるかも課題となる。最近の就職人気ランキングで上位を占めるアイリスだが、すべての若者が激しい競争を望んでいるわけではない。新規採用の段階で人材育成の考え方や手法を丁寧に説明しておかなければ、かえって早期の離職につながるリスクも考えられる。これまで以上に丁寧な審査と結果の説明が求められる。

[図表1-6]
新卒採用は年々増えている

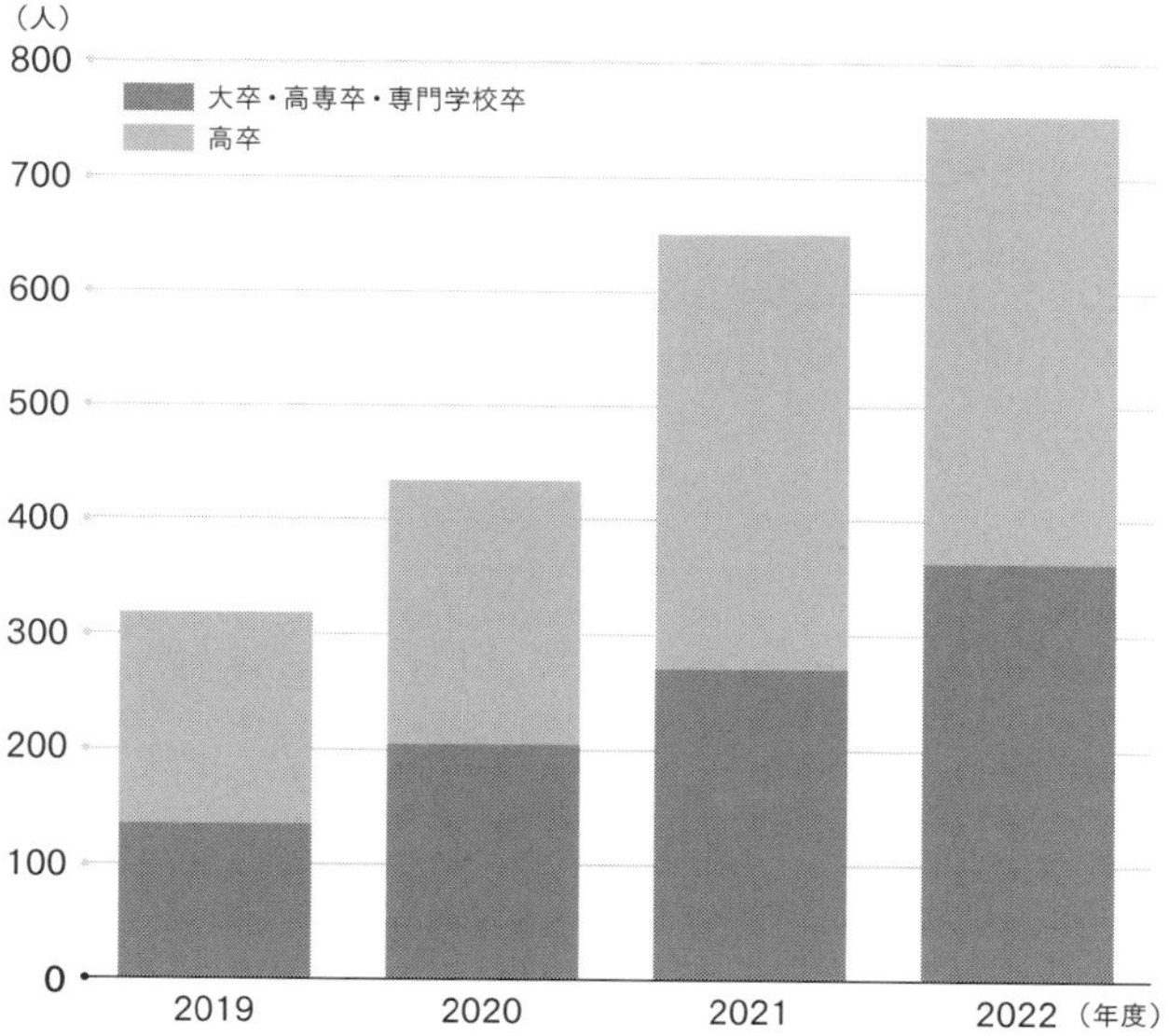

今後さらにアイリスオーヤマの事業が拡大して従業員が増えれば、挑戦の意欲に欠ける人材や、上司の顔色を過度に気にするような社員が一定割合で現れる可能性も否定できない。そんな「大企業病」を防ぐには、どんな制度や仕組みが必要になってくるのか。アイリスの人材育成における「人事の力」を維持して組織の活力を一段と高めるため、これまで以上に知恵や工夫が問われることになる。

4 外部人材の力を生かす

パナソニック出身者が感じた驚き

「人事の力」は外部から来た人材も支えている。アイリスオーヤマはテレビやエアコン、洗濯機などを製造販売する家電事業へ本格参入するにあたり、電機大手での実務経験が豊富な人材を多く採用した。各社で技術開発などを担っていた転職者たちはアイリスでの仕事の進め方に驚くことが多い。パナソニック（現パナソニックホールディングス）や三洋電機などから移ってきた技術者から2021年夏に聞いた話では、それが鮮明だった。役職などは取材当時のままで紹介する。

アイリスは東京と大阪にオフィスを構える際、あることを立地の重要条件に定めた。「電機大手に勤めていた社員が通いやすい場所」だ。そして都内では東芝の最寄り駅であるJR浜松町駅に近いオフィスビルに入り、大阪では心斎橋のビルを選んだ。退職した技術者たちを迎え入れるためだ。狙いは当たり、実際に多くの人材が集まった。

「入社前はアイリスオーヤマのことをほとんど知らなかった。ディスカウントストアで売っているような格安の『ノーブランド家電』を作るのかと思っていたら、全く違ったので驚いた」。パナソニック（当時）から2020年4月に転職したデジタル家電開発部の影山敦久リーダーは、こう話した。

取材時に61歳だった影山氏が転職したきっかけは、アイリスのテレビ参入だった。パナソニックではテレビの開発に携わり、微妙な色合いや鮮明度といった画質を調整する役割を主に担っていた。パナソニックで課長級の役職だった退職直前には、テレビ向けシステムLSIをアイリスへ供給するプロジェクトに参加していた。

当時のアイリスは液晶テレビを初めて発売するにあたり、生産委託する中国メーカーに画質の調整も任せていた。影山氏によれば、同じ画像を映し出す場合でも好まれる色合いは国によって異なる。「中国では派手な色合いに仕上げると評価が高いが、その色合いに日本の消費者は違和感を持つことが多い」。アイリスには技術の蓄積がなく、このギャップを埋められずに苦心していた。

アイリス幹部から「うちに来て手伝ってくれませんか」と頼まれたとき、影山氏には「60歳を超えるけれど、もう一度ものづくりをしたい」という感情が生まれた。大手企業では1つの製品開発で、最初から最後まで関与することは難しい。「少人数でテレビ事業に参入するアイリスなら、若いころに望んで技術者の道を選んだ『ものづくり』が再びできる」。この思いが転職の決め手だった。

影山氏が転職して最初に驚いたのは商品開発のスピードだった。「パナソニックでは一般的に商品企画から発売まで約1年かけていたが、アイリスは3カ月で済む」。海外メーカーへ生産委託する場合が多いことが素早い発売の背景にあるが、それだけが理由ではない。「パナソニックでは画像調整の仕事が終わったら品質管理部門に引き継ぐなど、順送りで工程が進む。アイリスは複数の部署が一斉に取りかかり、同時並行で仕事を進める。この違いが大きい」。アイリスが「伴走方式」と呼ぶ開発手法が最大の要因だと影山氏は明かした。

開発部門に所属する社員の人事評価では、自身が携わった商品がどれだけ売れて利益に

［図表1-7］
転職者に実力を発揮させる工夫

- 大阪の心斎橋駅や東京の浜松町駅など電機大手の近くにオフィス
- 現場経験者に最後までプロジェクトを託す
- 生え抜き社員とスキルや発想を相互補完

福増氏は家電事業の草創期から携わってきた

影山氏はパナソニックでの映像技術の経験を生かしていた

結びついたかが実績となる。評価を高めるには多数の新商品のアイデアを出し、経営陣にプレゼンテーションして「ゴーサイン」を得る必要がある。プレゼンにかけられる時間は1つの製品について5分程度しかない。

毎週月曜に開くプレゼンテーションには経営陣に加えて多くの部署の社員が参加し、提案者が役員から厳しい質問を受けるのを間近で見る。社員も会議に参加していることが重要だ。「プレゼンを実際に見ているから、自分のアイデアが落ちて他人の案が採用されたときでも納得できる」と影山氏は話した。「透明で厳格」というアイリスの評価の流儀は、ここにも反映されている。

経営者との「距離感」に驚く

季節家電課の福増一人マネージャーは三洋電機で携帯電話を折り曲げる機構などの設計を担っていた。同社が携帯電話事業を売却したことに伴って設計会社に転職し、派遣社員として働いたのがアイリスの大阪市にある家電開発拠点だった。派遣期間が終わる際にアイリスの担当者から「今後もうちに残ってほしい」と頼まれ、２０１４年に入社した。

取材時に49歳だった福増氏は当時のアイリスの状況を「何もないところからの出発だった」と振り返った。大型家電の自社開発に取り組み始めた時期で、家電メーカーの職場ならば当然あるべき計測機器などが全くなかった。前職の経験を踏まえて、必要な機器をそろえるところから仕事が始まった。

驚いたのは経営者との距離感だ。当時は社長だった大山健太郎氏が開発現場に突然現れて「先日に話していたあの商品、こんなふうに変えたらどうや」「次はどんな商品を考えているんや」と気軽に話しかけてくる。三洋電機では考えられない状況だった。「経営者が現場を本当に知りたいと思っている会社なんだと実感した」と福増氏は振り返った。

アイリスは単純な実績だけで人事評価を決めない。これについて福増氏は「新しいことに挑戦することを評価する会社なんだと思う」と語った。前職では上司の指示に的確にこたえ続けることが重要だった。アイリスに移ってからは、自分の仕事を自らつくりだすことが最大の任務だ。そして360度評価の結果を読めば、周囲が自身をどう見て、この評価結果につながったのかを知ることができる。「成績が昇進に直結する厳しい仕組みだが、納得している」と話していた。

福増氏は「人材と技術蓄積の薄さがアイリスの家電事業の課題だ」と指摘した。自身を含めて他社から来た技術者が現場を指揮しており、若手に技術を伝えながら、仕事のガイドラインを定める必要があると実感する日々だった。ガイドラインとは何か。「家電大手は過去からの成功や失敗を積み重ねて『この部材は少なくとも5ミリメートルの厚さが必要だ』など、独自基準がある。それを我々が作らないといけない」。福増氏の視線は、自身がすでにアイリスを去っているかもしれない10年後や20年後に向いていた。

スタートアップに近いスピード感

パナソニックの関係会社で洗濯機の開発を担当していた白物家電課の山本憲太郎マネージャーは「アイリスオーヤマで仕事をすることは、スタートアップで働く感覚に近い」と表現した。経営者の判断で物事が素早く決まり、1人の技術者が担う業務の範囲が広い。そして会議の回数が少なく、即座に結論を出す。山本氏が実例として挙げたのが、家電製品を段ボール箱に詰める際に使う梱包材だ。「前職では1カ月かけて会議を重ね、形状などを決めていた。それをアイリスでは1回の会議で最終決定する」。山本氏にとって驚きの連続だった。

山本氏はアイリスの意思決定の速さを実感していた
（アイリスオーヤマ提供）

人事評価については「言い訳できない厳しさを感じる」と述べた。「実績を判定する際は、かかわった商品が売れたかどうかですべてが決まる。言い訳の余地はない。大手企業では『失敗したときの弁明がうまい人』が偉くなる印象があるが、アイリスでは通用しない」。だから他社から転職してくる人材について「あれがしたい、これもやりたいと手を挙げる人には向いていると思う。反対に『その仕事はやりたくないです』という姿勢だと厳しい」と山本氏は強調していた。

年収よりも自由度を重視

取材当時に家電開発部の部長として他社からの転職人材を率いていた原英克執行役員は45歳だった。人事評価の「追い越し車線」を走り続ける1人といえる。当時の開発担当者は約120人で、7割弱を転職組が占めていた。「生え抜きの社員が開発のアイデアを出し、豊富な経験を持つ外部からの人材が実務を担っている」と原氏は説明した。

生え抜き社員の多くはペット用品や園芸用品、日用品などで消費者に「なるほど」と思わせる商品を開発してきた経験がある。しかし家電を生み出すには回路技術やソフトウエア、関連法規など様々な知識が必要で、アイデアがあっても実務の裏打ちがなければ厳しい。強みを出し合い、それぞれが新たなスキルや発想を身につけることを目指していた。

家電事業は拡大が続くため、中途採用も増やしていた。面接を担当する原氏は「年収などの待遇よりも、アイリスでどこまで自由な仕事ができるかを尋ねられることが多い」と明かした。「大手企業では管理職として現場を長く離れてしまっており、改めて開発現場で実務がしたい」。そんな希望も多いと語った。

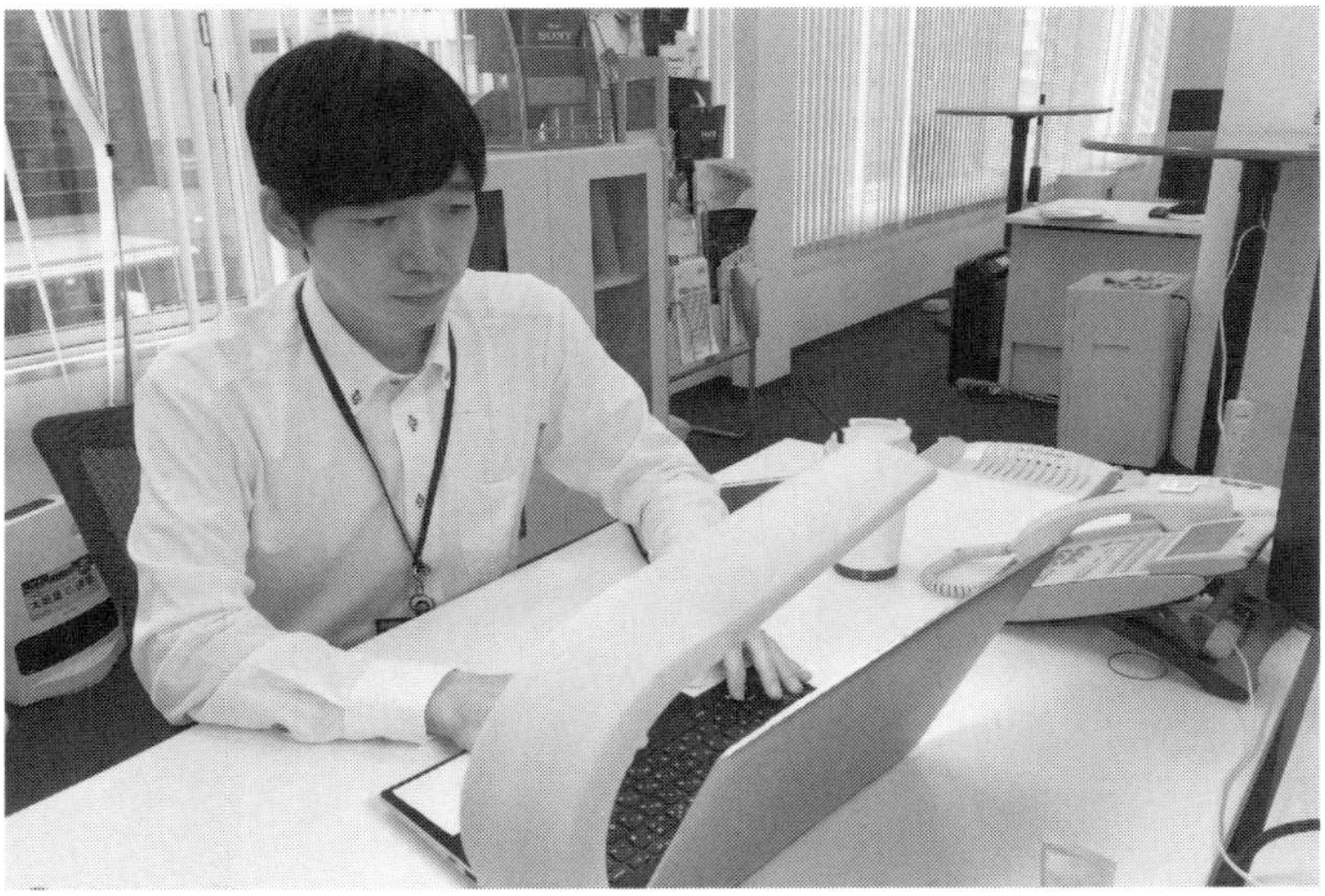

原氏は生え抜き社員と転職者それぞれの強みを生かしていた（アイリスオーヤマ提供）

そして自前の技術者を育てることが今後の課題で、生え抜きと転職者の割合は半々が理想だと原氏は説明した。人事評価を通じて優秀な若手を見極め、責任ある仕事を任せることが一段と重要になってくる。最近の品ぞろえでは人工知能（ＡＩ）を搭載したカメラなど複雑な商品が増えており、先端技術のキャッチアップが一段と重要になる。

5 海外子会社での苦労

東南アジアでも360度評価

外部という意味では転職者に加えて、海外子会社でも日本国内とは異なる苦労を抱えていた。アイリスオーヤマは米国やオランダ、タイ、韓国などに生産や販売を手掛ける子会社を持つ。そこで働く社員の人事評価を日本と全く同じように進めても、うまくいかない場合がある。現地での工夫には何があり、アイリスグループとしての一体感を保つため何をしているのか。2021年夏に各子会社のトップに書面インタビューを実施し、実情を尋ねた。役職などは当時のまま表記している。

多くの海外子会社は本社と同じ評価手法をベースにしながら、改善の道を探っていた。

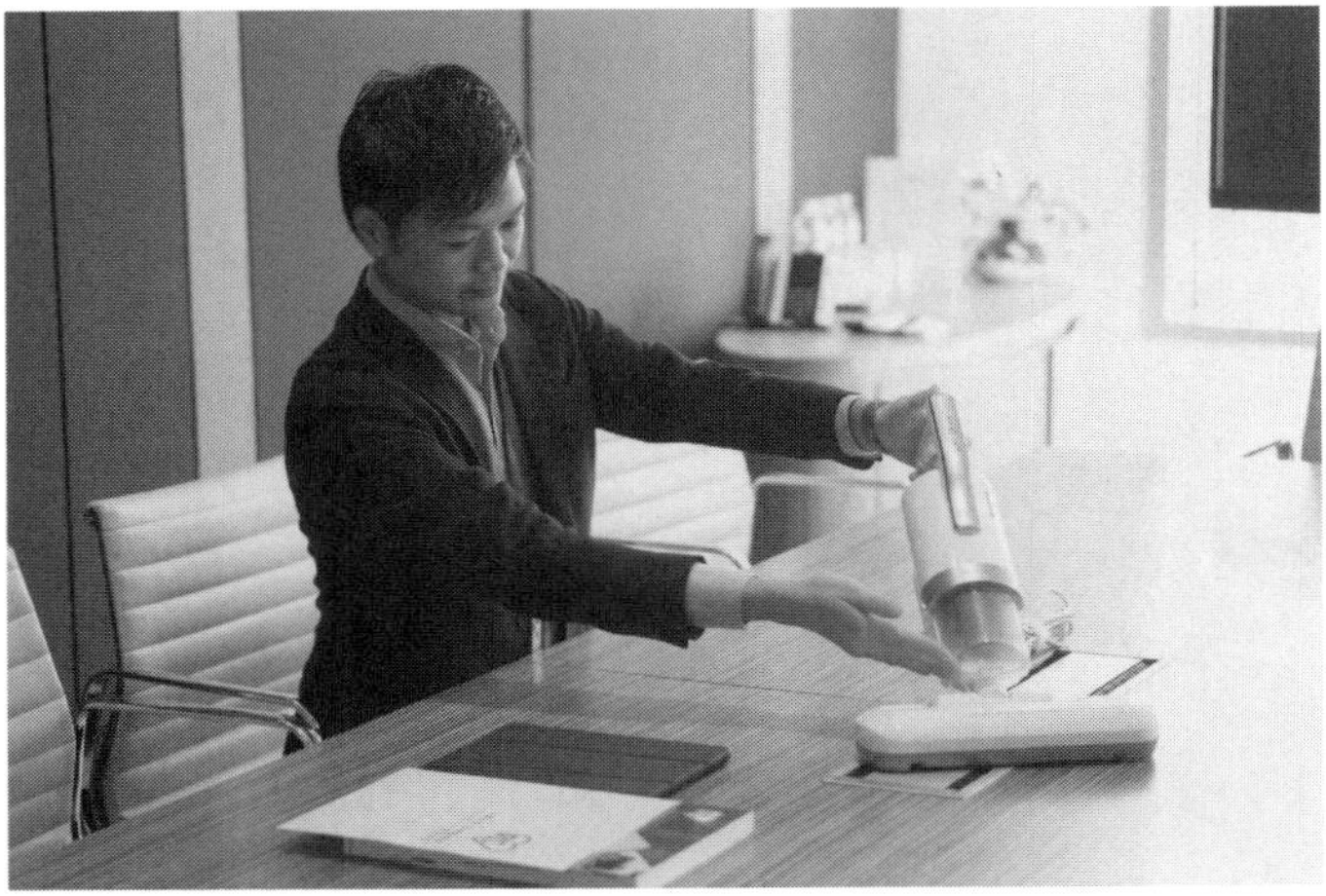

森氏は360度評価の有用性を感じていた（アイリスオーヤマ提供）

タイ国内や東南アジア諸国連合（ＡＳＥＡＮ）の各国へ家電などを販売するアイリスタイランドの森俊樹社長は「現段階では本社に沿った仕組みで運用しているが、現地化することは必要だ。タイの人々は、決められた時間の中で働くことを重視していると感じる」と明かした。

「各自が仕事のために使う時間を決めており、その範囲内でどれだけ仕事ができるかを自身で決定しているという印象を持っている。自由な時間を重視しており、それを削って仕事の実績を増やすという発想は少ないように思う」。そのため仕事の量に評価の重点を置きすぎると、社員の納得感を得ることが難しかった。彼らのモチベーションを維持するために改善の手法を模索していた。

反対に本社の手法を今後も維持したいと考えるのが、360度評価だ。「当社の社員は自身の感覚や主張を重視し、行動する傾向が強いと考えている。判断が正しいかどうかに他者の視点を取り入れて、客観的な視野を身につけてほしい」と森氏は説明した。社員たちの実力を引き出すため「できるだけ仕事を任せるとともに、本社以上に上司と部下のコミュニケーションを心がけている」ことも明らかにした。社員の多くは他の日系企業で働いた経験を持ち、日本人幹部の指示や判断を待って動く傾向が強いように感じると森氏は語った。コストなど数字を重視するアイリスの方針を伝えながら、社員が主体的に動く体制を目指していた。

現地の規制や慣習に対応

労働に関する規制や慣習で日本と異なる部分には丁寧に対応する必要がある。オランダに本社を置くアイリスヨーロッパの海野正高プレジデントは「簡単には社員の部署を変えられない。職務内容や目的、責任と給与を面談ですり合わせる必要があり、異動に時間がかかる」と指摘した。さらに「スキルに対価が発生するため、経験がない人材に給料を上乗せすることが難しい。このため日本のような抜擢人事は成立しにくい」。各国・地域でこれほど状況が異なっていた。

それでも可能な限り能力や実績に見合った評価をするため、業務内容や対価などをまとめたジョブディスクリプション（職務記述書）は頻繁に更新し、透明性と厳格審査を重視するアイリスの流儀に近づける努力をしていた。これは優秀な人材を他社へ流出させない取り組みでもある。

米国内に複数の工場を持つアイリスＵＳＡの高橋博之プレジデントは「基本的に日本と同じ仕組みで評価しているが、大勢の前でプレゼンテーションすることよりも一対一でのコミュニケーションを重視している」と実態を示した。選別される立場の社員も聴衆として同僚の人事評価に参加することはアイリスの特徴だが、現地社員の志向に沿って調整していた。

米国で優秀な人材は転職を繰り返して経歴を積んでいくとされる。能力が高い社員に長く働いてもらうため、高橋氏によれば「キャリアアッププランを用意し、抜擢人事も実行している」。それでも転職者が出ることはある。「そういうときは、まだ当社や私の魅力が足りないのだと反省する」。そんな日々だった。

企業理念を海外でも浸透させる

日本に最も近い形式で人事評価を実施していたのは韓国のアイリスコリアで、論文の審査や360度評価といったアイリスオーヤマの評価手法を踏襲していた。そして宋淳坤(ソン・スンゴン)社長は「年齢に関係なく、能力のある社員が先に昇進する原則を守っている。実際、EC(電子商取引)のチーム長は入社3年目の若手が務めている」と明かした。

しかも毎年2回の賞与は会社の成績と個人の成績を反映し、結果に応じて差を付けていた。これも本社で利益の一定割合を成績に応じて社員に支給するという仕組みの精神を取り入れていた。

アイリスコリアは2019年に新工場を稼働し、社員数が大きく増えた。能力を正しく見極めて適切に報いることが一段と難しく、そして重要になっている。「転職率を下げるためにも、会社が自身を成長させられる場であることを示す必要がある」。宋氏はこんなふ

宋氏は若手社員の登用に積極的だった(アイリスオーヤマ提供)

うに考えていた。

アイリスオーヤマは商品を使う人の満足を最優先に考える「ユーザーイン」の発想や、消費者に「なるほど」と思わせることを追求する開発姿勢が特色だ。これらは大山健太郎会長のアイデアで、日本では周知する機会が多い。しかし海外子会社では、どのように浸透させているのか。

アイリスタイランドの森氏は社員と一緒に取引先と商談する際、自社の説明に一定の時間を割いていた。顧客の信頼を得る目的に加え、アイリスオーヤマが重視する考え方を広める狙いがある。このほかアイリスヨーロッパでは入り口やオフィスにアイリスオーヤマの企業理念を掲示し、理念に

高橋氏（左端）は現地のイベントに参加する場合も多かった
（アイリスオーヤマ提供）

関する勉強会があった。アイリスUSAの高橋氏は新入社員研修や朝礼のスピーチなどで企業理念やユーザーイン発想の話を繰り返し、アイリスコリアの宋氏は社員が入社するタイミングで大山会長の著書を読むことを求めていた。

大山晃弘社長は自社のグローバル化を進めている。事業展開する国や地域が広がれば対応すべき法令や労働慣習も多くなり、ローカルルールも多岐にわたってくる。アイリスオーヤマの人事評価制度で、どの国や地域でも必ず守るべき根幹はどこにあり、反対に現地化できる部分は何なのか。アイリスの「人事の力」をグローバル市場で高めるため、重要な課題だ。

6 社員はコストか資産か

「3・11」の経験

アイリスオーヤマで人材の力を高める仕組みの原点を考える際には、2011年3月11日に発生した東日本大震災を避けて通れない。宮城県内の工場が被害を受け、事業の継続に大きな打撃を受けた。それでも大山氏は「人員削減はしない」という方針を変えることなく、被災地で必要となる物資の出荷再開に向けて動いた。

重要なのは震災から一定の時間が経過し、国の財政支援や国内外の幅広い企業からの援助を受けて、復興事業が本格化した時期だ。被災地で人手不足が深刻となり、震災直後に従業員を解雇した企業は十分な人員を確保できなくなった。その結果としてインフラ再建に向けた工事や操業を再開した水産加工業、復興事業にかかわる衣食住の確保など、目の前に仕事があるのに受けられない状況も発生してしまった。そんな「人員解雇を発端とした人手不足」が一時期、被災地の復興を妨げる壁となっていた。

危機を「チャンス」に変えられるか

これに似た状況が発生したのが2020年に本格化した新型コロナウイルスの流行だ。航空会社や旅行会社、飲食業など多くの業種で需要が「蒸発」し、外出自粛に伴って製造業では工場の操業維持が難しい場合もあった。この時期に大山健太郎会長に、東日本大震災を乗り越えた立場で日本の企業経営者に伝えたいことを尋ねる書面インタビューを実施したことがある。やり取りは、こんな内容だった。

――東日本大震災よりも今回の新型コロナ禍の方が、企業への影響は大きいかもしれません。

「東日本大震災は10年かけて復旧・復興に向かうことが見えており、復興需要もあった。一方で今回の新型コロナ禍は先行きが見通しにくく、多くの企業が事業展開に悩んでいる。この違いは大きい」

――震災直後の経験を振り返り、いま国内の大手企業の経営者が取るべき行動は何でしょう。

「日本企業の多くは自己資本比率が高く、経営が安定している。企業の目的は売り上げと利益だが、その前に国民が豊かにならなければいけない。企業が安易に人員を削減して社員を路頭に迷わせると、新型コロナウイルスの流行が収束しても国内消費の回復には相当な時間がかかる。経営者は社員が預金を取り崩さなくても生活できるように、雇用を維持すべきだ。雇用調整助成金も有効活用し、個人の家計に打撃を与えないように配慮してほしい」

――新型コロナ禍の事業縮小で、人員削減に踏み込む企業も出てきました。

「日本は少子高齢化で、慢性的な人手不足の状況だ。東日本大震災の後に経験したことだが、目先の赤字に対応するため社員を解雇した企業は復興需要が発生しても採用難で十分な人手を確保できず、結果的に事業の回復が遅れてしまった。反対に最も苦しい時期に我慢して雇用を守った企業は社員のロイヤルティーが高まり、素早く復興することができた。今回の新型コロナ禍でも、あと1年は人員を減らさず我慢すべきだと思う」

――地方企業が首都圏などの大都市にアクセスできないことは、存続の危機につながります。

「新型コロナは流通の形態を大きく変えた。家電や日用品が主力の当社も、巣ごもり需要を反映して販売チャネルが実店舗からネットへ大きくシフトした。ネット通販に関して言えば大都市で製品を作って全国へ供給するよりも、地方都市に本拠を置く方が競争力は高い。今こそ地方企業がネット通販への本格展開を考えるべきときだろう」

――「ピンチはチャンス」が持論です。全国の経営者に伝えたいことは。

「日本の国内総生産（GDP）が長期間にわたって大幅に落ち込むとは考えにくい。感染のピークが過ぎた後に景気がV字回復することは無理でも、生活基盤は維持できるだろう。マイナス面に目を向けるより、新しい需要をつかむチャレンジをすべきだ」

2023年に入っても新型コロナ流行の完全な終結を宣言できる状況ではない。そして大山会長が「日本の少子高齢化の実態を忘れてはならない」と安易な人員削減に警鐘を鳴らした人口の基本構造は変わっていない。東日本大震災の直後の経済状況を現状にそのまま当てはめることはできないが、震災を経験した企業の成功と失敗を振り返り、二の舞いを避けることは重要だ。

問われる「人的資本経営」

人員削減を避けながら難局を乗り切るには、経営陣と社員の両方に痛みに耐える覚悟が求められる。大山会長が訴えるのは「社員を解雇するのは会社にとって損になる」という過去の事例だ。どんな形なら「痛み」を分かち合えるか。それを考える必要がある。

最近では自社の「人的資本」に関する取り組みを投資家へ開示する動きが広がっている。かつて多くの日本企業はバブル崩壊などの不況期に社員を解雇し、新規採用を絞り込んだ。これにより人件費を削減し、利益を回復することに努めてきた。それに対して現在は従業員が持つ知識やスキルを「資本」と考え、リスキリング（スキルの学び直し）などを通じて人材の価値を高める考え方が広まっている。社員はコスト要因なのか、資本なのか。自社が持つ「人事の力」について、多くの経営者の考え方が改めて問われている。

第2章

共有の力

アイリスオーヤマ

強さを生み出す5つの力

1
「一人ひとりがジャーナリストに」

「アイリスの頭脳」

多くの日本企業は主要な市場である国内の人口減少や為替変動に原料高と、様々な環境変化に苦慮している。アイリスオーヤマはこれまでバブル崩壊やリーマン・ショックなどの厳しい局面を乗り越えてきた。これらの危機に素早く対応してきた舞台裏には、全社で情報を共有するための独特な「日報」が存在する。

アイリスグループの社員の多くは毎日、パソコンやスマートフォンで200字以内の文章を社内システムに投稿する。大山健太郎会長が「アイリスの頭脳」とまで表現する「ICジャーナル」だ。その日に実行した仕事を基に記入するが、多くの企業が導入している日報とは、果たすべき役割が大きく異なる。

一般的な企業の日報では自身が取引先を訪れて取った注文や研究開発で得られた成果、顧客と面談した際の反応などを書き、1日の仕事ぶりや実績を示すため上司に報告する。

しかし大山会長は、そんな日報を否定する。「行動記録は不要だ。何をしたのかは結果を見れば分かる」。そのうえで「現場のアイデアや改善点をジャーナリストの目線で書きなさい。社員一人ひとりがジャーナリストになりなさいよと言っている」と特徴を明かす。具体的には「他社の家電製品が量販店で好評を得ている。自社商品の機能も見直したい」といった内容で、単純な情報や事実に加えて記入者の意思を明確に示すことが求められる。これが「ジャーナリストになりなさい」という言葉の意味だ。

自身や所属する部門、さらにはアイリスオーヤマという会社全体が次に打つべき手を毎日考え、200字の範囲内で記していく。そしてICジャーナルは一般的な日報に多い「部下から上司への一方通行」ではなく、上司や同僚などが互いに閲覧することができる。

ICジャーナルには個人名や製品などで検索し「フォロー」できる機能がある。いわばツイッターのような「アイリスグループのSNS」だ。大山会長は「僕が読むのは100人だ。この100人に入ることがモチベーションになる」と語る。

[図表2-1]

ICジャーナルで現場と経営陣が直接つながる

❶ 200字以内の「ICジャーナル」を毎日書く

↓

❷ 営業など行動の記録ではなくアイデアや改善案を示す

↓

❸ 個人名や製品で検索し、特定の社員を「フォロー」できる

↓

❹ 社内でSNSのような役割を果たす

↓

❺ 大山会長が読むのは100人分。
ここに入ることがモチベーションに

そして「みんな同僚がどんなことを書いているか気になるし、負けたくないと思う。ジャーナルの内容が悪いと本人に『最近、面白くないから読まないよ』と言っている」と実態を明かす。社員たちは大山健太郎会長や大山晃弘社長ら経営陣に「フォロー」されるように、投稿の内容を磨く。

海外の現地情報でコロナに素早く対応

経営トップが中間管理職を経由せずに現場の「生の声」を聞き取り、その内容に反応できる仕組みを持つ企業は少ない。ＩＣジャーナルを通じて社員同士で情報や意見を共有し、迅速に課題を見つけて改善提案を競うことがアイリス全体の「変化対応力」を高めることにつながっている。

アイリスオーヤマは以前から日用品の一環としてマスクを中国で生産し、日本や中国で販売していた。そして新型コロナウイルスが日本で流行し始めた２０２０年には素早く国内での製造販売を始めている。これも「共有の力」の成果だ。

振り返れば２０１９年の12月には中国の武漢で「原因不明の肺炎」の患者が確認されて

いたが、日本全体でみれば関心は低かった。一部の状況は伝わっていたが「これは中国のトラブルで、日本には関係ないことだ」と考える人も多かった。日本で新型コロナウイルスに関する情報が本格的に伝わり始めたのは、大型クルーズ船「ダイヤモンド・プリンセス」で発生した乗客の感染がニュースになった時期からだ。

しかし大山会長は「2020年の1月に、武漢での感染拡大を知った」と話す。中国に勤務する社員からICジャーナルで、現地の流行状況に関する報告が来ていたためだ。これはICジャーナルが「単なる日報」ではないという事実と、全社で情報を共有する重要性を示している。

一般的な企業の日報ならば海外で勤務する社員が「自分の周囲に特定の病気の患者が増えている」と本社の上司に報告しても「その話が、うちの事業と何の関係があるのか。海外から無駄な報告を上げるな。もっと商売につながる情報を持ってこい」などと責められかねない。「一人ひとりがジャーナリストになりなさい」という表現で幅広い視点の報告を求め、共有する習慣が社内で浸透していたことが、素早い状況把握につながった。

大山会長などアイリスの経営陣は中国からのICジャーナルを基に、現地の状況を調べて「これは日本でも必ず流行する」と予測した。そして宮城県内の主力工場の空きスペー

[図表2-2]

マスクの素早い国産化も共有の成果

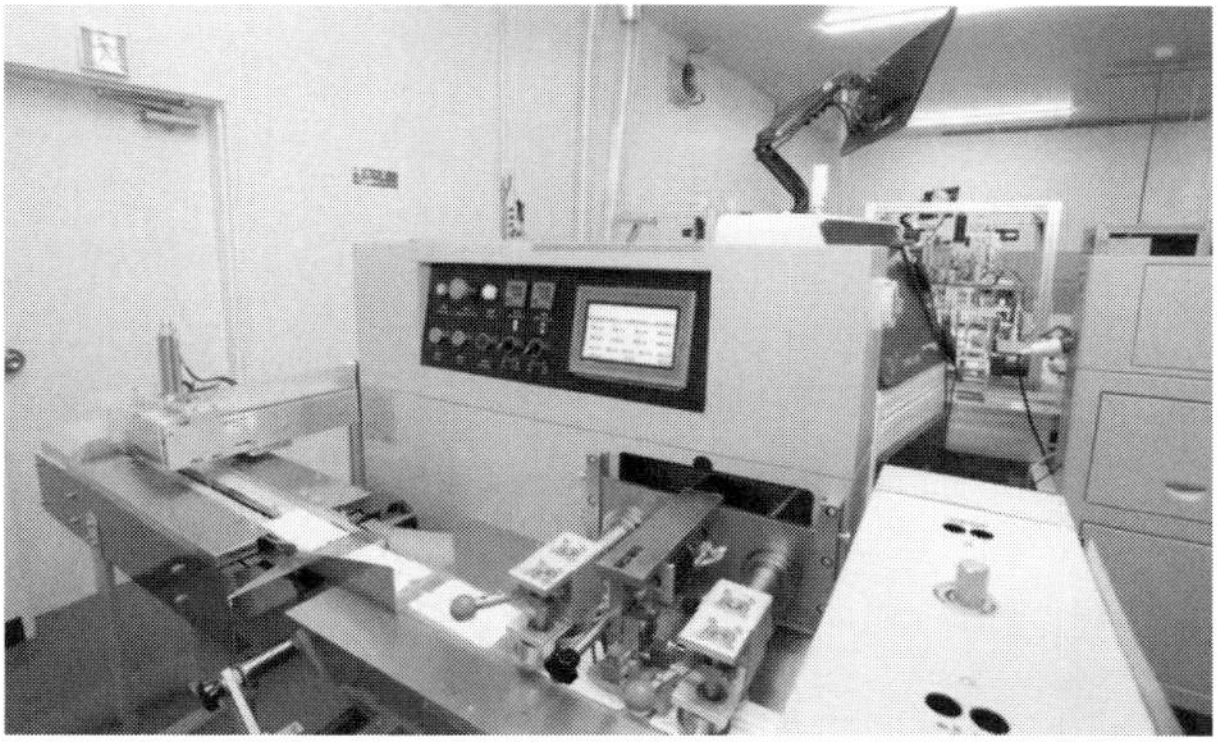

1. 2020年1月に中国から「武漢で肺炎の患者が増えている」と報告

↓

2. 経営陣が他社よりも早く状況を認識

↓

3. 工場の空きスペースを使ってマスク生産を準備

↓

4. 7月から日本で本格生産

スをマスク生産に充てることを決断する。これらの過程を経て、約半年後の7月にはマスクの本格生産を始めることができた。

この当時は日本の各地で新型コロナの患者が増えて「マスク不足」が深刻になり、多くの人がウイルスへの感染を恐れてドラッグストアの店頭でマスクを探していた時期だ。インターネットの個人売買サイトを通じてマスクを高額で「転売」しようとする行為も問題になっていた。日本企業が国内で安定生産を始めたというニュースは、多くの消費者に安心感を与えた。

2 開発スピードよりジャッジスピード

「プレゼン会議」でトップが直接判断

中国での状況を知ってから約6カ月で日本での生産体制を整え、本格生産に至った背景には、アイリスオーヤマ特有の仕組みがある。アイリスは毎週月曜に宮城県の主力拠点で「新商品開発会議（プレゼン会議）」と呼ぶ商品開発の方針決定会議を開いている。

どんな企業でも会議は開いている。しかし大山会長は「一般的な会社は月次会議で経営の方針を決める。当社は社長や幹部が集まって毎週1回、年間では約50回の会議を開いて現場担当者から商品開発のプレゼンテーションを聞く」と頻度の違いを強調する。プレゼン会議で担当者が1つの商品の説明に費やす時間は約5分間で、大山晃弘社長がゴーサインを出せば会社としての開発方針が決まる。

日本企業にありがちな係長から課長、さらに部長、役員と承認を得るため社内を回り続ける「稟議《りんぎ》書への印鑑集め」とは正反対の進め方だ。プレゼン会議でトップが正否の判断を下すため、失敗して経営陣から叱責されることを恐れ、中間管理職が部下のアイデアを握りつぶすような事態も避けられる。

そして「当社が速いのは開発スピードではない。ジャッジ（判断）スピードだ。プレゼン会議は社長の考えを社内に浸透させる場でもある」と大山会長は言う。大山晃弘社長は商品案をプレゼンテーションした担当者に対して何が良かったか、どうして承認できないのか自身の言葉で伝え、多くの社員がその光景を実際に見る。

大山会長は「1人の社員が50回の会議に10年出れば、合計で500回だ。この会議自体が情報を共有する機会になっており、他社がまねしようとしても簡単なことではない」と強調する。

経営トップが現場の社員に求めていることを各部門のリーダーが毎週必ず聞いて意思を理解し、それに沿って細かく軌道修正できる仕組みを持つ企業は少ない。商品開発におけるアイリスの「共有の力」だ。

[図表2-3]

毎週月曜に社長がプレゼンを聞く

1. 社員が社長ら幹部に商品開発案を説明

↓

2. 1つの商品にかける時間は約5分

↓

3. この場で社長が合否を判断する

↓

4. 年間50回の会議で社長の考えが浸透する

↓

5. 大山会長「シンプル、リーズナブル、グッドが大事」

「プレゼン会議」では何が話されているのか

アイリスオーヤマが毎週開いている「プレゼン会議」で、大山晃弘社長と担当者は一体どんな会話をしているのか。日本経済新聞社のコンテンツ配信「NIKKEI LIVE」で実際の会議を取材したことがある。それは、こんな内容だった。

小型家電事業部の社員が、大山社長をはじめとする幹部が扇状に広がって座る会議室の中心部に立つ。そして新商品の開発に向けて練ってきたアイデアのプレゼンテーションを始める。

ある製品の市場規模や価格動向などを説明する社員に大山社長は「結構な値段だよ」と語りかけ、価格へ注意を払うことを促す。「そうですね。私も想定よりは、ちょっと高いなという感覚はありました」と答える社員に、大山社長はしばらく沈黙した後で「ちょっと高いんじゃない?」と聞き返す。その後で「そうね、デザインで売るんだな」とつぶやいた。

［図表2-4］
会議が社長の考えを伝える場に

1. 社員が製品の市場規模や価格動向などを説明
↓
2. 大山社長
「顧客に提案する内容、コンセプトが定まっていない」
↓
3. 社員「もう一度、考え直します」
↓
4. 大山社長「自分が使いたいという気持ちになっていない」
↓
5. 大山社長の判断で条件付きの承認
↓
6. 議論を通じて社長の考えが社員に浸透

ここからが経営トップとしての判断だ。「デザインで売るんだったらデザインが無いと、なんとも言えんな」と述べたうえで「何を作るのかということが、明確じゃないじゃん」と課題を指摘する。「もうちょっとさ、明確にしようや。ブレてるよ。これ、ただデザインや見た目がいいだけじゃん。欲しいと思う人が、ちょっとそれじゃ少ないんじゃない？」と疑問を投げかけた。

別の社員が「分かりました。デザインとあわせてもう少し具体的に掘り下げて、また提案させていただきます」と引き取ろうとしたところで、大山社長は「いや、たぶん分かってないと思うよ」と言い切る。そして「何をお客さんに提案するのかっていうところを、もう少し事業部で考えないと、いかんわ。コンセプトがまだ定まってないよ」と続ける。社員が「もう一度、考え直します」と答えると大山社長は「商品としてはやりますが、コンセプトはもっと練り直してください」と条件付きの承認で締めくくった。

「売りたい」より「自分が使いたい」を

会議後に大山社長は社員とのやり取りについて「今回はちょっと厳しい話をしたが、顧客イメージが、ちょっとぼんやりしていた。さらに、どちらかと言うと『売りたい』という意識が強かった。使ったらどういう便利な機能があるのかを語り『自分が使いたい』という気持ちを持っていないように感じた」と背景を説明した。

そして条件付きの承認としたことについて「担当者が『この商品は、こんなことができます』という開発目線だった。『こういうことができるから、この商品を私は買いたいです。だから作りたいです』という目線が無かったことが気になった。突っ込んだ議論をすると、まだまだ弱いなと感じた」と理由を明かした。

会議で指摘を受けた社員は「口では消費者目線と言っていたが、そうなれていなかった。他社の競合品などを見て、スペックや価格に目が行ってしまっていた。もう一歩踏み込んだ消費者目線の提案ができていれば通ったのではないかと思う」と反省していた。社長が社員に直接「駄目出し」をすることで、経営陣と同じような意識を持てるように人材を育てることがアイリスの流儀だ。

社員の立場で考えれば、社長をはじめとする多くの幹部の前で自身のアイデアをプレゼンすることは大きなプレッシャーだ。しかも同僚が見ている前で厳しい指摘を受ければショックも受ける。それでも「合格」するまで、あきらめずに再提案することが自身の成長にもつながる。

日常生活の不満を商機に

アイリスオーヤマの通販サイト「アイリスプラザ」で家電製品や日用品といった様々な商品を見て詳細な性能を確認しても、電機大手など競合するメーカーの製品と比べて飛び抜けて高機能な物を探すことは難しい。

そこには大山健太郎会長の「ＳＲＧ哲学」がある。これは「機能はシンプルにしよう。価格はリーズナブルにする。品質はベストやベターではなく、グッドでいい」を意味している。

商品開発を担う技術者は自らが手掛ける製品に最先端の機能を持たせ、高額で販売したいと考えがちだ。しかし大山会長は「生活者の代弁者として、日常の不満を見つけなさい」と開発の基本姿勢を説く。

掃除機を例に挙げれば、取り外せる小さなモップを本体に付けて静電気を帯びさせ、床に掃除機をかけながら棚などのほこりをモップで手軽に取れるようにした。天井に取り付けるＬＥＤ照明は暗闇でリモコンを探す不便を解消するために、声で操作する機能を持たせている。

どれも技術的に驚くものではなく、むしろ単純な工夫だ。しかしアイリスの商品は、常にこんな「不満解消」の背景を持っている。そのため社員は他社の製品を自宅で徹底的に使い、そこに潜む生活者の不満を探して社内で共有する。消費者に選ばれる商品を生み出すには、抱えている不満を解決する「ストーリー」が欠かせない。

中国や米国に製造拠点を持つアイリスオーヤマにとって現在の原料高や供給網の混乱などは強い逆風だ。難局を乗り切るには従来以上に消費者の不満をきめ細かく見つけ、社内に広めて多くの社員の知恵で解決する商品開発の姿勢が求められる。大山会長が提唱する「ピンチはチャンス」の真価が今こそ問われている。

3 「4つの速さ」の秘密

トップが現場を知らないリスク

社内組織の連携や情報共有にも特徴がある。「ほとんどの企業の商品開発は『駅伝方式』だ。情報が上に行けば行くほど現場が把握するニーズが薄れてきて、申し訳ないがトップは現場を知らない方が多い」。危機的な状況を乗り切るにはトップの素早い決断が重要だが、社内での「順送り」がそれを妨げていると大山健太郎会長は指摘する。順送りとは、どういうことを指すのか。「開発の提案者がデザイン部にアイデアを持って行き、次に製造部へ行く。あるいはマーケティング部門へ行く。アイデアを受け取った経営トップは実情が分からないから、判断のために『競合他社と比較したデータを見せなさい』となる」

［ 図表2-5 ］
商品開発には「駅伝」と「マラソン」

1. 一般的な企業は関係する部署へ企画を順送りする「駅伝方式」
↓
2. 関与する社員が少なく効率的だが機会損失や時間ロスの可能性
↓
3. アイリスオーヤマは最初から関係部門が集まって動き出す「伴走方式」
↓
4. 大山会長「いわばマラソンで、全員が一斉に走り出す」
↓
5. 多くの人員がかかわる必要がある一方で、開発スピードは速い

実際のところ、一般社員のプレゼンテーションを社長などの経営陣が毎週必ず聞く企業は少ない。営業や研究開発などの現場を離れてから長い経営トップが社員のアイデアを承認するかどうか最終決断を下すには、競合他社のデータなどの客観的な数字が必要になる。結果として「現場の生の声」は重要性が下がってしまいやすい。

それに対して大山会長

は自社の形態を「関係部門がすべて会議に集まり、決まったら全員が一気に走り出すマラソンだ」と表現する。この「伴走方式」では商品開発の初期段階から営業や生産、知的財産といった関係する各部門が一斉に仕事に取りかかる。最初に社長が現場担当者の意見を聞いて決裁しているため、各部門へ事前に根回しすることは必要ない。

効率重視か、速度優先か

一方で「効率を考えれば、駅伝方式の方がいい」とも大山会長は指摘する。現場から各部門への順送りでは限られた人間が仕事をリレーするため、1つの商品に関与する社員が少なくて済む場合が多い。これにより、結果的に生産性は上げやすくなる。ただし「駅伝ではチャンスロス、時間のロスが発生する。伴走方式は多くの人間が会議に毎週時間を割くので効率は悪いが、スピードは速い」。プロジェクトを進めるにあたって効率と速度のどちらを優先するか。これが経営者の選択となる。

「社長が決めるから速い。その場で問題解決するから速い。社長の考えが全員に伝わるから速い。毎週実施するから速い」。大山会長がこんな言葉で表現する「4つの速さ」がアイリスにおける意思決定の特徴だ。

「ユーザーと顧客は違う」

アイリスオーヤマの経営の根幹には「ユーザーイン」という考え方がある。これについて大山会長は「ユーザーと顧客は違う」と説く。どういうことなのか。「本当のユーザーとは、店舗で商品を手に取ってレジで買う人のことだ」。ホームセンターなどの小売企業にはバイヤー（購買担当者）が存在し、アイリスの担当者が実際に訪問して自社の商品を売り込む「顧客」はバイヤーであることも多い。

しかしバイヤーは自社の利益や店舗の状況、他社との競争関係などを考慮し、調達方針を決める。直接の取引先であるバイヤーを意識するのではなく、最終的に自社の商品を購入し、使ってくれるユーザーの目線で物事を考えることを求めている。「生活者は買い物で真剣勝負している」。こんな言葉で、ユーザーの考えを読み取ることの重要性を強調する。

プレゼン会議では担当者の商品提案が1回で承認を得られる場合は少なく、大部分は突き返される。大山晃弘社長の指摘を踏まえてデザインや機能、価格設定などを練り直し、3回から4回の提案を通じて改善していく。毎週の会議は「ユーザーイン」に基づく発想を経営陣から社員まで全員が身につけ、共有する場でもある。

「開発者は技術志向、自分の知識志向でなければ、開発なんてできない。そんな『自分中心の自分』と『生活者の代弁者である自分』が、会議でバトルすることになる」。大山会長は二律背反とも言えるアイリスの技術者心理を、こう表現する。

最先端の技術や自身の知見を取り入れた商品を開発したいと考えるのは技術者にとって自然なことだ。しかし「シンプル、リーズナブル、グッド」の条件を満たさなければ開発プロジェクトにゴーサインは出ない。そして結婚している社員には「自身が開発しようとする商品を自分の配偶者が購入するか」を発想の起点に置くことを求める。妻がいる技術者への大山会長の口癖は「おまえの奥さん、それを買いたいと思うんか」だ。

開発者たちは、こんなやり取りを経て「供給者側」から「利用者側」へ視点を切り替えることを求められる。アイリスで商品開発に携わる技術者は、自身の意識をユーザー目線で変革し続けることが欠かせない。生活者の発想を常に考え、その結果を社内で広めて全社的な開発に生かす。これも「共有の力」といえる。

4 「たこつぼ」を避ける仕組み

朝礼を書籍に編集

ＩＣジャーナルは主に社員同士の情報共有だ。これに対し、経営陣が社員に向けて自身の言葉で情報を発信する手段もある。アイリスオーヤマでは毎週月曜、大山晃弘社長ら経営陣が全社員に向けて話す「朝礼」を実施している。内容はテレビ会議システムを使って全国の主要拠点にリアルタイムで中継し、社員たちが話を聞く。話すテーマは事業の現状や展望、自社がメディアに取り上げられた際の反応など幅広い。

ＩＣジャーナルが単なる日報ではないように、アイリスの朝礼も一般的な企業とは異なる。大山社長などが話した内容は記録し、年末に1年分をまとめた「朝礼集」を作って社員に配布してきた実績がある。

ここまで労力をかけて朝礼の内容を記録に残す企業は、なかなか存在しない。かつて大山健太郎会長を取材した際に、朝礼の内容を出版などの形式で外部に広く公開する意思があるか尋ねたことがある。大山会長は笑顔を浮かべながらも「外に出すことはありません」と断言した。

ＩＣジャーナルがアイリスの頭脳ならば、毎週の朝礼はアイリスグループ全体に経営陣の意思を浸透させて「共有の力」を高めるための神経経路に相当する。独特な日報以上に「秘中の秘」となっている。

社員がそろって社長の訓話をリアルタイムで毎週聞くという経営スタイルは、それだけ聞けば古い習慣のような印象も受ける。生産性や士気の向上にどこまで有効なのかという判定も難しい。仮に経営トップが同じ趣旨の精神論を毎回語ったり、単純に社員へ業績向上の努力を求めたりするだけの内容ならば、全員が時間を共有する意味は小さい。

しかし記録に残すとなれば、同じ話を繰り返せば後日まとめて読んだ際に「使い回し」が明確になる。準備なしで簡単に話すわけにはいかない。「朝礼」とは本来、上司から部下へ一方通行で情報を発信する場だが、経営陣が持つ問題意識や現状分析の能力などが社員に試される機会になっているともいえる。多くの社員を相手にした毎週の「真剣勝負」だ。

企業グループが一体になって知識と意識を共有し続けるのは簡単なことではない。さらに、これからアイリスに加わる若手社員のような世代は、目上の人間の訓話を定期的に聞く経験に乏しい場合も多い。そんな社員たちの「心に火をつける」には、経営陣もメッセージの内容や伝え方などを一段と工夫する必要がある。

幹部には経営情報を公開

大山健太郎会長は取材で「社長の力というものは、結局のところ情報を独占できるところから始まる」と話したことがある。実際、多くの企業では社員が上司に報告するルートが厳密に決まっており、たとえ社内であっても受け取るべき幹部以外への情報漏洩を防ぐ仕組みが存在する。

しかしアイリスオーヤマでは定期的に、管理職の社員すべてを集めた「幹部研修会」を開いてきた。そこでは業績をはじめとする様々なデータを公開している。あわせて今後の経営戦略なども経営陣が説明し、それらを共有する。

［ 図表2-6 ］

経営情報の社内公開にリスクと利点

❶ 定期的な「幹部研修会」で業績などのデータ公開

↓

❷ 非上場でインサイダー取引の懸念はないが、
外部漏洩の可能性

↓

❸ 大山会長
「社長が重要情報を独占せず、会社全体で最適化」

↓

❹ 管理職の「たこつぼ状態」を避け、
伴走方式の効率を向上

研修会で幹部たちにどこまで経営データを知らせるのか大山会長に尋ねたことがある。返答は「すべてです」とシンプルだった。これはアイリスが非上場企業だから実行できることでもある。株式を上場していれば公表前の業績データや経営方針などを多くの社員に知らせることは、インサイダー取引をはじめとする法令順守上のリスクを発生させる。

もちろん非上場企業でも心配すべき材料はあり、同業他社などに秘密情報が伝わる可能性は否定できない。それでも大山会長は「社長が重要な情報を独占するよりも多くの社員と共有し、会社全体での最適化を目指す方が重要だ」という姿勢を維持する。

一般的な企業では営業実績に関するデータを営業部門のトップなど経営陣の一部が独占し、技術開発の動向は開発トップらが抱えるなど「情報の縦割り」が発生しやすい。しかしアイリスは「伴走方式」で新商品の開発を進めるため、すべての部門が自社の最新状況を正しく理解していなければ最適な連携が難しくなる。

幹部すべてに重要情報を知らせて状況を共有することには、部門の垣根を下げる狙いがある。これにより、中間管理職が自身の率いる組織のことだけを考えて行動するような、一種の「たこつぼ状態」を避けようとしている。

サッカー型の組織

「以前のアイリスの経営は野球型だった。20年前ぐらいからサッカー型、ラグビー型に変えている」と大山健太郎会長は言う。これは自社の組織で、各自の役割をどこまで固定しているかを指す。

サッカーやラグビーにもポジションはあるが、野球のように選手たちの守備位置を定め、攻撃の際は事前に打順を決めて1人ずつ打席に立つほどの明確な役割固定の仕組みはない。「事前にフォーメーションを決めておき、試合では『あうんの呼吸』で連携して、決められた時間の中で最高のパフォーマンスをする」。こんな言葉で「サッカー型経営」の理想像を語る。

具体的な取り組みとしては「社内の縦割りをなくすため、できるだけ組織の『線』を束ねて少なくしている。そして人材はローテーションして固定化しない」。多くの企業の構造を見ると営業部や総務部、開発部など多くの組織が存在し、その下に営業推進課や開発企画課などがある。この縦線を減らす趣旨だ。大山会長は「組織を細かく分けたうえで人材の専門性を高めて『この分野はこの人に任せる』となれば経営者は楽だが、それが『大企業病』につながる」と指摘する。

新型コロナウイルスの流行に象徴されるような全社員にかかわる非常事態が起きた際には、企業の底力が試される。「いまの状況への対応は私の部署の仕事ではない」「経験がないから自分には無理だ」と幹部や社員が考え、対応を避けるようでは危機を乗り切れない。アイリスの幹部には複数の部門を率いることで幅広い業務を経験し、サッカー選手がグラウンド全体を走り回ってボールを追いかけるような姿勢が求められる。アイリスで共有すべきものは知識だけではない。

商品開発は「映画スタイル」で

「商品開発は映画づくりと同じだ。構想があってストーリーがあり、シナリオが存在して役者がいる。そして音楽があり、画像もある」と大山会長は言う。これも「サッカー型」と同様に、自社の経営体制を映画制作に例えた言葉だ。大山会長の高校時代はヌーベルバーグの全盛期で、映画監督になる夢を描いていた。父の死去に伴って家業を継いだために実現しなかったが、経営と映画は通じるところがあると話す。「構想を立ててストーリーをまとめるのが経営者の仕事だ。シナリオを開発者が書き、俳優とは商品だ。音楽は販売促進に相当し、画像はデザインにあたる」

アイリスでは社員に多くのアイデアを出すことを求めるが「何でもいいから自由に提案しろ」という姿勢ではない。トップが立てた構想とストーリーに基づいて全社員が自身の役割を考え、連携と共有を通じて共通のゴールを目指す。サッカーチームのような組織で

1本の映画を作り上げることが経営体制の理想だ。

競争と共有のバランス

アイリスオーヤマが国内外に持つ製造拠点では、生産性の向上を目指して情報共有と競争を繰り返してきた。2017年に主力商品の一つであるLED照明を生産する佐賀県鳥栖市の拠点を取材した際には、大山健太郎氏のコメントを掲載した新聞記事が目立つ場所に貼ってあった。海外のグループ会社が日本の本社と意識を一体化することを目指す取り組みと同じような形態で、佐賀県の製造拠点と宮城県の本社をつないでいた格好だ。

LED照明事業ではパナソニック（当時）など多くのライバルが存在した。しかし当時の工場長に生産体制の革新について聞くと「ライバルは他社じゃない。うちが中国に持つ大連工場だ」という言葉が返ってきた。

どういう意味なのか。アイリスは製造現場へのロボット導入に積極的で、大連工場では取材当時の段階で約600台のロボットが稼働していた。大量生産と省人化によるコスト抑制の効果は大きい。当時のアイリスのLED事業部門は佐賀県と大連のコストや納期な

［ 図表2-7 ］
グループ内で改善を競い合う

❶ 佐賀県の工場が製造ラインを組み替えて生産性を向上

↓

❷ 1週間後に中国・大連の主力工場が同じラインを組み、さらに高い生産性

↓

❸ ICジャーナルと同様に生産現場でも改善に向けたアイデアを考案

どを見比べて、どちらに生産を発注するか決めていた。

「鳥栖工場で製造ラインを組み替えて生産性を上げたら、1週間後には大連も同じラインを組み、うち以上に生産性を上げてきた」と工場長は明かした。国境を越えて改善を競い合っていた格好だ。それぞれの拠点が「真剣勝負」を繰り広げ、共有と競争の最適バランスを求めながらグループ全体の力を高めていた。ICジャーナルで大山健太郎会長に読まれるような改善提案を出し合うように、製造現場でも改良に向けた新たなアイデアを考えることを社員に求めていることを示すエピソードだ。

生産だけでなく開発面での競い合いもあり得る。家電製品の開発は主に大阪市の拠点が担ってきたが、2021年夏には東京都内にも開発拠点を設けた。家電だけでなく企業向けビジネスやロボット関連、あらゆるモノがネットにつながる「IoT」関連など先端技術の研究も担っている。製造現場や研究開発の社内競争を外部から知ることは難しいが、そこでの競争と成果の共有がアイリスの競争力を下支えしていることは間違いない。

5 経営者の役割

会社の規模に応じた変化

大山健太郎会長は家業を継ぎ、実質的な創業者としてアイリスオーヤマを成長させてきた。大阪の町工場だったころは仕事が終わった後で社員たちを自宅に招き、母親が作った手料理を一緒に食べていた。そこで社員の本音を聞き出し、自身の考えを伝えるというコミュニケーション手法だ。しかし社員の人数が増え、拠点も国内の各地に広がるのに伴って、大山氏が定期的に直接コミュニケーションできる社員の範囲は限られてくる。

一般的な日本企業で、経営トップに直接アクセスできる権限を持つことは周囲からの高い評価につながる。「あの部長はいざというとき、すぐ社長に会いに行って話ができる」と

［図表2-8］

事業規模に応じて情報共有の仕組みを更新

1. 大阪の町工場時代は社員を自宅に招き、家庭料理をふるまっていた

↓

2. 社員数が増え、会長や社長と直接話せる社員は限定

↓

3. 社員の間で「情報の非対称」が発生しやすい

↓

4. ICジャーナルや朝礼、幹部研修会で情報を共有

なれば、その人物には重要な情報が一段と集まりやすくなる。

アイリスが朝礼やICジャーナルといった仕組みを持つことには、経営陣と社員が公式に接触する機会を増やす意味合いがある。多くの企業では、一部の幹部が「社長は自分にだけ、こんな真意を話してくれた」「本当のところ、会長はあのプロジェクトには納得していないと語っていた」などと周囲に自分なりの「解説」を語る機会も多い。これは伝える側と聞く側の「情報の非対称」によって生まれる事態だ。

大山会長が「社長の力は情報の独占から始まる」と話すように、経営トップの

内密な発言など限られた情報にどこまでアクセスできるかということは、幹部にとって力の源泉になり得る。

アイリスは幹部に経営情報を公開しているが、グループ人員が約1万5000人と大きくなれば「情報の非対称」を完全になくすことは難しい。それでも社員が一斉に朝礼で経営トップの話を聞き、選ばれればＩＣジャーナルを通じて意見や情報を直接届けられるようにすることで、社内全体の最適な連携につなげている。

町工場時代のように仕事帰りの社長と気軽に食事することはできないが、自社の改善につながる考えを伝えるアクセスの機会はある。これがアイリスの「共有の力」の源泉だ。町工場のころから理想としてきた基本的な発想は維持しながら、企業の成長にあわせて手法を変化させている。一方で、グループ全体の社員が今後さらに増えて人材のグローバル化が一段と進めば、さらに方法を見直す必要も出てくる。最適化への努力が常に求められる。

経営陣にもある「共有の力」

「共有の力」は経営陣の間にもある。大山健太郎氏は2018年に社長職を長男の大山晃弘氏に譲り、代表権を持つ会長となった。トップ交代の方針を発表した後のインタビューで、健太郎氏は晃弘氏について「以前から社長になることを意識し、海外事業の責任者を務めてきた。すでに海外子会社では『チェアマン』と呼ばれている。問題ない」と語った。

国内事業では状況を熟知し、経験も豊富な健太郎氏が前面に立つことが多かった。しかし海外事業は晃弘氏に多くを任せて「二人三脚」に近い方式でトップ交代に備えていた格好だ。さらに「私は家業を引き継ぎ、53年かけてグループ売上高を5000億円規模に拡大させた。それを息子が数年で1兆円に倍増させたとなれば、名社長だ」とも話していた。2022年12月期のグループ売上高は7900億円となっており、大山晃弘社長の指揮で着実に拡大している。

独断すれども独裁せず

大山会長が様々な場面で語る「アイリスは仕組みで動いている会社だ」という側面は、経営トップによる意思決定の手法でも共通だ。大山会長は町工場の現場でプラスチック加工の技術を学び、製造業と卸売業を兼ねる「メーカーベンダー」などの手法を編み出してきた。そして大山晃弘社長は役員時代からプレゼン会議など主要な決定の場面に立ち会い、その仕組みを学んできた。「いわゆるカリスマ社長の後継者というのは難しいものだが、アイリスオーヤマの仕組みはトップが変わったから駄目になるようなものではない」と大山会長は言う。

そして共有の力を経営に生かすため、大山晃弘社長には「『独断すれども独裁せず』を心がけてほしいと言っている」と明かした。経営をガラス張りにして、最終判断は社長が下して結果責任を取る。それが大事だと指摘する。

独断と独裁は、どう違うのか。「幅広い部下の意見に耳を傾けて最終的に自分だけで決めるのが独断で、意見を聞く姿勢を持たないのが独裁だ」。独裁が良くないことは言うまでもないが、多数決で他人に最終判断を任せることも良くないと強調する。「独断して、その結果に責任を負うのが社長の仕事だ」という大山会長の言葉は、多くの企業にとって参考になる。経営者は社内で情報を広く共有し、多くの社員の共感を得たうえで最後には「独断」することが求められる。

そして経営者は、自社の存在意義を問い続けることも欠かせない。「経営とは手段であり、最も大事なのは需要を創造することだ。いま世の中の変化は速く、生活者のニーズは目の前にある。それを他社よりも早く実現することが企業の競争力につながる」と大山会長は指摘する。

消費者が欲しいものやサービスを見つけ出すマーケティングの手法は進化し、単純なアンケートだけではなくＳＮＳなど手段も多様になっている。しかしアイリスオーヤマの強みは生活者の「本人も気づいていない不便」を独自に見つけ出し、解決してきたところにある。今後も成長を続けられるかどうかは、社員全員が「生活者の代弁者」にどこまで近づけるかにかかっている。

［図表2-9］

大山会長は「独断すれども独裁せず」が理想

❶ 他人の意見を聞かないのが「独裁」

↓

❷ 幅広い部下の意見に耳を傾けて、最終的に
自分だけで決めるのが「独断」

↓

❸ 部下たち一人ひとりの意見を聞いて多数派に従うのが
「多数決」

↓

❹ 大山会長「独裁は良くないし、多数決で他人に
最終判断を任せるのも良くない」

利益も社員で共有

アイリスには利益を経営陣と社員が共有してきた仕組みもある。通常のボーナスに加えて、利益の一定割合を原資として各自の業績貢献度にあわせて賞与を支給してきた。これについて大山会長は「会社がもうかれば社員の取り分も増える。とても自然な仕組みだと思う」と語る。利益を共有する際も全社員へ一律に配るのではなく、評価を反映させて努力に報いる。競争と共有を重視する流儀は、ここでも共通だ。そうして社員の士気を高めている。

アイリスグループの従業員数は約1万5000人となり、米国や中国、フランスなど海外拠点も増えた。大山健太郎会長や大山晃弘社長の発想と意思をグループ全体で共有するハードルは、今後ますます高くなる。どの企業でも規模が大きくなれば社員が細かいグループに別れ、自身が直接所属する組織のメリットを会社全体でみた場合の利点よりも優先するような行動パターンに陥りやすい。

アイリスの強みである「共有の力」を維持して一段と高めるには、どんな取り組みが必要なのか。グローバル化や事業拡大を続けながらも「大企業病」に陥らないためには、さらに知恵を絞る必要がある。

自社を確実に成長させながら国境を越えて情報や価値観を適切に共有し続けるのは、決して簡単なことではない。これからも幅広い社員が参加できる最適な「仕組み」をつくり続けることが求められている。

地方の力

第3章

アイリスオーヤマ
強さを生み出す5つの力

1 東日本大震災という転換点

福島への移住を後押し

アイリスオーヤマは2022年8月、福島県の双葉町や浪江町など12市町村へ移住し、行政から支援金の交付決定を受けた人に自社の通販サイト「アイリスプラザ」で使える5万円分のポイントを進呈すると発表した。東日本大震災で起きた東京電力福島第1原子力発電所の事故に伴い、避難指示などで人口が急減した各市町村への移住を後押しする取り組みで、申請期間は2023年4月30日までとした。

この支援策について福島県と協定を結ぶ発表で、アイリスの大山晃弘社長は「福島県では東日本大震災から11年以上たった今でも、人口が戻っていない市町村が多くある。当社は生活提案型企業として幅広い商品を持っているので、今回の取り組みを通じて1人でも多くの方が福島県に移住されるお手伝いをさせていただきたい」とコメントした。福島県の内堀雅雄知事は「移住された方々へ御支援をいただけることになった。12市町村への移住を力強く後押しするものとして、大変心強く感じている」と応じた。

アイリスオーヤマの強さの秘訣を探るとき、2011年3月11日に起きた東日本大震災は必ず考えなければならない出来事だ。宮城、岩手、福島県などの沿岸部を「千年に一度」ともいわれる記録的な大津波が襲った。それまで十分な強度と高さを備えていると考えられてきた防潮堤の多くを津波は越えた。その結果、広いエリアが浸水して多くの工場や家屋が流失した。

被災地では多くの人が仮設住宅での生活を余儀なくされた。原発事故の処理が終わる時期の見通しを立てることは難しく、現在も故郷を離れている人がいる。日本人が忘れることができない日付の一つだ。その日、アイリスオーヤマ社長だった大山健太郎氏の姿は千葉県にあった。

社員も被災者

２０１１年3月11日の午後2時46分。大規模な地震が発生した瞬間、大山氏は展示会に参加するため、千葉市の幕張メッセにいた。「ついに宮城県沖地震が来たか」。最初にそう思ったと大山氏は10年後に振り返っている。宮城県の沿岸部では、数十年に１回の頻度で大きな地震が起きていたからだ。

「とにかく現場を見ないと何も判断できない」。大山氏は本社に戻って自分の目で状況を確かめる必要があると考え、社用車で成田空港を目指した。過去に発生した大きな地震の経験を基に、鉄道は不通になると判断し、飛行機で仙台空港へ向かうためだ。しかし車内のテレビで見たニュースで、津波による仙台空港の被害を知る。空路をあきらめ、国道で仙台を目指した。

しかし大渋滞で車はなかなか進まず、道路も寸断されている。テレビ中継で見た沿岸部の津波被害の実態は、想像をはるかに超えていた。夜通しで車を走らせたが、翌朝にたどり着けたのは福島県の新白河駅までだった。なんとか部屋を確保できた駅前のビジネスホテルの一室で、数人が横になって休んだ。そこからは道路の復旧を待って、さらに北へ走り続ける。ようやく震災から2日後の13日に、宮城県へ入ることができた。

翌日の14日は月曜で、アイリスオーヤマの経営の特徴の一つである朝礼があった。その場では社員たちに、どんな指示を出せばいいのか。大山氏は本社を目指して走る車内で考え続けた。ほとんどの人間が自宅に何らかの被害を受けているだろうし、家族が犠牲になった人がいる可能性もある。そんなときに自分は「会社のために働け」と指示していいものなのか。考え抜いたが、なかなか答えは出なかった。

アイリスオーヤマは宮城県角田市に国内の主力工場がある。そこで14日の朝、出社してきた約400人を前に大山氏は、こう言った。「うちは困っている被災者が必要とする生活物資をたくさん作っている。この供給を続けなきゃいけない」。しかし多くの社員は自宅などに何かの被害を受け、将来への不安を抱えていた。家族の安否が分からない人も存在した。大山氏が話している間、ほとんどの社員は静かに下を向いていた。

このときはアイリス自身も被災企業で、支援を受ける側だったともいえる。それでも資金的な余裕はあったため「できることはしよう」と大山氏は決断し、社員に伝えた。「会社として合計で3億円を宮城県と仙台市に寄付する。皆さんは東北の復興のため、困ってい

[図表3-1]
被災者に物資を供給するため事業を続けた

1. 東日本大震災の瞬間、大山健太郎氏は千葉市にいた

↓

2. 社用車を走らせて宮城県へ向かう

↓

3. 「会社のために働け」と社員に言っていいのか苦悩

↓

4. 朝礼で3億円の寄付を社員に伝え
「被災者のため、とどまって働いてほしい」

る被災者のため、ここにとどまって働いてほしい」。この言葉を聞いた社員たちは一斉に顔を上げ、大山氏を見た。「それまでとは全く違う、強い表情だった」。その瞬間を、こう振り返る。

それから大山氏は宮城県知事と仙台市長の携帯電話を鳴らし、寄付の意思を伝える。あわせて自社との連絡窓口になる担当者を置いてもらうように依頼した。当時からアイリスの商品の種類は多く、マスクやカイロ、電池など、被災者が今まさに必要とする物を製造販売していたからだ。しかし役所の様々な部門から物資を調達する要請が個別に来てしまっては、現場が混乱する。そのため最初にトップ同士で連携の体制を決めた。「非常時に最も大切なのはトップダウンでの素早い決断だ」。震災から10年の取材では、こう語った。

メーカーベンダーの強みを生かす

それでも沿岸部を中心に被災者の人数は多く、避難所などで必要な物資は膨大だった。すぐに工場での生産が追いつかない状況となってしまう。大山氏は取引先である全国のホームセンターに連絡し、店頭にある自社商品を買い戻すことを決断した。

これを実行できたのは、アイリスオーヤマがメーカーと問屋の機能を併せ持つ「メーカーベンダー」だったからだ。普段は自社の工場から物流センターを経由して各店舗へ商品を届け、品ぞろえや売り場構成の提案もしていた。そのため各店舗にどんな商品がどの程度まで存在するかの概況をほぼリアルタイムで把握できた。工場から店舗までを結んでいる配送の流れを「逆回転」させて、自社に商品が戻ってくるようにした格好だ。アイリスが問屋を経由して製品を届ける一般的なメーカーならば、物流網が混乱した当時の状況で短時間にこれを実現することはできなかっただろう。

自治体から求められた生活物資にはボンベや自転車など、アイリスが自社で作っていなかった商品もあった。できるだけ多くの要請に応じるため「採算を度外視してでも、店頭の物資を買い付けろ」と大山氏は指示を出す。他社の製品を赤字覚悟で購入して被災地へ送るという異例の支援策だ。それでも大山氏は「生活用品を扱う企業として、非常時に必要な物を必要な人に届ける。それこそが最大の社会貢献だ」と信じ、物資の調達を続けた。

ここで問題になったのが、全国のホームセンターなどから集めた大量の商品をどうやって被災地に運搬するかということだった。このころ東北の物流網は混乱し、配送手段の確

[図表3-2]

社員たちは操業再開に全力を尽くした

❶ 社員が被害を受けた自動倉庫やシステムなど復旧

↓

❷ マスクやカイロなど被災地に必要な物資を供給

↓

❸ ボンベや自転車など自社で作っていない商品にも要請

↓

❹ 他社の製品を赤字覚悟で購入し、被災地へ送る

↓

❺ 「メーカーベンダー」の仕組みを逆回転させた

保は難しかった。アイリスオーヤマ以外にも多くの自治体や企業が物資を被災地へ送っていた時期でもあった。物流各社には震災関連の対応だけでなく、首都圏や近畿圏などの都市部へ荷物を運ぶ通常業務もある。被災地へ物資を届ける手段に困っているところへ連絡をくれたのが、付き合いのあった運送会社だ。担当者は「いまは被災者優先だよ」と話し、他の仕事を後回しにして被災地への商品の運搬に協力してくれた。

当時は災害対応などで大量の通話やデータ通信が発生し、携帯電話がつながりにくい状況だった。大山氏をはじめとするアイリスオーヤマの経営陣が自社グループのあらゆる状況をすぐに把握することはできなかった。被災した工場などは現場トップの判断で、事業の継続に必要なことを主体的に実施した。

「クビになるかもしれないが構わない」

「被災地を助けるために必要な物資を届ける」という大山氏の宣言で事業活動を再開したアイリスだが、扱う商品は多岐にわたる。そして工場から商品を出荷するには自動倉庫を稼働させなければならない。平常時には自動倉庫に多数の棚が整然と並び、商品をパレットに載せて保管していた。出荷の際には無人クレーンが必要な商品を選び、取り出す仕組みだった。しかし大地震の影響でパレットが棚からはみ出したり、商品が床に落ちてしまったりしていた。これらを整えなければ再稼働させることはできない。工場の社員たちは命綱を付けて自動倉庫に登り、文字通りの命懸けで荷物の乱れを直していった。

アイリスは傘下にホームセンターの「ダイシン」を持つ。宮城県気仙沼市にあるダイシンの店舗には地震発生の直後から、暖房用の燃料を求めて多くの人が来店した。寒さに震えながら行列を作る人たちを見て、店長は灯油を無料で提供した。

このころは本部と連絡が取れていない時期であり、店長が独断で実行した。「自分はクビになるかもしれないが、それでも構わないと覚悟を決めていた」と後に語っている。

このように工場や店舗など様々な場面で現場社員は独自の判断を下し、行動した。それらについて大山氏は震災から10年後、こう語った。「当社が大事にしている『ユーザーイン』という考え方は、供給者の都合を優先するのではなく、常に商品を使う人の立場で物事を考える企業になるという発想だ。自身も大きな被害にあいながら相手のことを思い、社会のため主体的に行動できた社員が様々な場所にいたことを、今でも誇りに思っている」

震災の教訓を生かす

震災当時にダイシン気仙沼店の店長だった人物は、後にダイシン全体の経営を率いる役職に就いた。2017年の夏に、大震災の教訓をどう生かしているのか取材したことがある。東日本大震災の当日、気仙沼では懐中電灯や水タンクなどが大幅に不足していた。店舗にも多くの人が押し寄せたが、陳列棚が倒れて商品が床に散乱し、店内に入ってもらうこともできなかった。やむを得ず店員が余震を警戒しながら必要な商品を棚の下から引っ張り出し、店外で来店客に販売していた。

この経験で得た教訓について、元店長は「震災時に2・1メートルだった棚を、現在は最高でも1・5メートルに下げた」と明かした。こうすれば同じ面積で陳列できる商品の数は減るが、棚が転倒したり商品が散乱したりするリスクを下げられる。その効果はどう出ているのか。東北では震災から数年が経過しても余震とみられる中小規模の地震が多かったが「すべての余震に耐えている」と当時の取材で語っていた。

ホームセンターは取り扱う商品の数が膨大で、値札も一つ一つの商品には貼っていない場合が多い。店舗のレジが稼働しなければ、正しい価格で販売することができない。東日本大震災の際には緊急手段として手書きの帳簿を付けたが、店員には大きな負担だった。「当時の反省を踏まえて、全店にレジ用の小型発電機を導入した」と対応策を話した。

1台の発電機があれば3～4台のレジを動かせる。しかも震災直後に不足した物資は、平常時の売れ行きとは関係なく在庫を手厚く持つようにした。将来の災害で停電が発生しても、暗闇になった店内でレジだけは動かし、消費者の命を救う必需品を確実に届ける。そんな覚悟を強調していた。

2 震災が変えた会社の姿

家電参入のきっかけに

「東日本大震災を経験しなければ、当社が家電メーカーになることはなかった。今でも生活用品の企業だっただろう」。大山健太郎会長は大震災から10年の節目を目前に控えた2021年2月、これまでの歩みを振り返り、こう話したことがある。震災の当日は千葉県から宮城県を目指して社用車を走らせながら「日本のため、東北のためにアイリスは何ができるか。これまでの延長線上で経営していいのか」と考えていた。そんなとき、東京電力福島第1原子力発電所で事故が発生したことを知る。

事故の影響は大きく、日本各地で原子力発電所が稼働を止めた。首都圏を中心に電力不足の懸念が強まり、多くの企業や個人が過去にない規模で節電に取り組んだ。スーパーやホームセンターなどの店舗は照明の一部を落とし、空調の稼働も弱めた。製造業では電力需要のピークとなる時間帯を避けて工場を稼働させたり、平日は休んで土日に操業したりといった工夫を重ねた。

東日本大震災から2年さかのぼる2009年、アイリスはLED照明事業へ本格参入していた。大山健太郎氏は「これから節電のために、蛍光灯などからLEDへの切り替えが進む」と確信する。2011年の3月下旬にはLEDの主力生産拠点だった中国の工場に、設備を増強して製造能力を拡大する指示を出した。予測は当たり、LEDの出荷は大きく伸びた。

そしてLEDの商品ラインアップを広げていくのに伴って、家電量販店との取引関係が深まる。実際の販売現場の反応を知ることで、大手メーカーが満たせていない消費者の潜在需要に大山氏は気づく。シンプルで使いやすい製品を求める人も多いのに、普段は使わないような複雑な機能を持たせて高価格で販売している商品が目立った。単身や夫婦二人だけの世帯が増えていることを考慮せず、依然として家族4人での利用を想定しているようなサイズや能力の製品も多かった。

［図表3-3］

東日本大震災が会社を変革する契機になった

1. 2009年にLED事業へ本格参入

↓

2. 2011年に東日本大震災が発生し、電力不足が深刻

↓

3. LED照明の生産設備を増強し、出荷を拡大

↓

4. 家電量販店との取引関係が深まる

↓

5. 大手家電メーカーの製品が満たしていないニーズを発見

↓

6. 家電メーカーに自社を変革

ＬＥＤ照明の営業を通じて得られたこんな発見が、後にパナソニック（現パナソニックホールディングス）などの退職者も採用して冷蔵庫やエアコン、液晶テレビなどを開発販売する「家電メーカー路線」の出発点となった。園芸用品やペット用品、透明な収納ケースなどが主力だった収益構造は大きく変わり、家電製品を主力に成長を続けるという会社全体の方向転換につながった。

ＢＣＰマニュアルだけでは足りない

東日本大震災でアイリスオーヤマの社員たちが事業継続のため自発的に動いた姿勢は、その後も続いているのか。それを「実証」する機会があった。２０２１年2月13日の夜に福島県沖で起きた強い地震だ。東北新幹線をはじめとする交通網が混乱し、羽田空港と仙台空港という近距離を結ぶ異例の臨時航空便が設定されるほどの事態だった。「あのとき私は経済団体の会合で沖縄県にいた。トップ不在でも宮城の工場では社員が深夜に次々と集まり、再開に向けて動き出していた。この主体性こそが10年間の成果だ」。地震から数日後に、大山会長はこう語った。

工場の安全確認と再稼働で中心的な役割を担ったのは、東日本大震災で商品を工場から被災地へ出荷するために命綱を付け、荷崩れを起こした巨大な自動倉庫に対処した社員たちだった。経験者が夜中から指揮を執って自動倉庫を直し、翌日には商品の出荷を再開できた。大山会長は「ＢＣＰ（事業継続計画）は大切だが、本当に大事なことはマニュアルでは伝えられない。現場を知る人間が各工場などのトップに立ち、非常時には本社の指示なしに全員が必要な行動を取る。それが真の防災力だ」と強調する。

アイリスオーヤマではパート従業員から正社員に昇格し、役職者になった人物もいる。一般的な大手企業ではあまり実現しない登用の形態といえる。そして大卒ではない「たたき上げ」の人材が多いことも特徴だ。東日本大震災では傘下のホームセンターで、現金を持たない来店客にはノートに名前と金額を書いてもらって商品を渡した。「トップが現場を信頼し、仕組みに沿って権限を与えることが会社の力を高める」。大山会長は自社のBCPの本質を、こんな言葉で表現する。

3 強まる被災地との結びつき

「被災者特別枠」で人材を採用

雫石きらりさんには忘れられない記憶がある。2012年4月2日、宮城県角田市の主力工場で開かれたアイリスオーヤマの入社式だ。壇上に立った雫石さんは社長だった大山健太郎氏と向かい合う。「私は地元で地震、津波に被災しました。明日から、どう生きていけばいいのかと……」。涙をこらえて言葉に詰まり、こう続けた。「先の見えない日々を過ごしていました」。そして声を震わせながら、こう締めくくった。「被災者特別枠という大きなチャンスをいただき、会社から必要とされる人材になるよう努力します」

東日本大震災の大津波は東北沿岸部の工場や事務所を押し流し、多くの企業が事業縮小や被災地からの撤退を余儀なくされた。地元に残って働くことを希望する被災地の高校生の就職状況が厳しくなることは、目に見えていた。大山氏は人事部に指示を出した。「岩手県から福島県まで、沿岸部で被災した高校をすべて調べ上げろ」

それまでアイリスは毎年同じ学校から優秀な生徒の紹介を受けて採用してきた。これをいったん白紙に戻し、被災した高校に人事部門の担当者が「各校から最低でも1人は採用します」と告げて回った。これが「被災者特別枠」だ。大山健太郎氏は２０１６年の取材で「彼らは自宅や家族、友人を失う体験をした。一般の生徒とは根性が違う。入社から2年もすれば、すごく優秀な人材になる」と強調していた。被災地の支援が目的だったが、貴重な人材を確保する手段にもなった。

自治体とも連携

アイリスオーヤマは東北の有力企業として、将来の災害に備える自治体とも連携を深めている。２０１６年11月には主力工場がある宮城県角田市との間で、緊急避難場所の設置運営に関する協定を結んだと発表した。地震や洪水などの災害が発生したり、発生の恐れがあったりする場合に、工場のスポーツセンターを一時的な避難場所として提供する内容だ。

角田市が指定する避難場所や、浸水被害が予想される区域外へ脱出する時間的な余裕がない人たちの避難場所を確保する狙いがある。東日本大震災の際には沿岸被災地のホテルなどが、近隣に住む人たちへ自主的に避難場所として自社のロビーなどを提供した。しかし救援活動にあたる自治体が「私設避難所」の実態を把握できておらず、市町村が開設した避難所には届いた食料品などの物資が、私設避難所には十分に到着しなかったなどの事態もあったとされる。

大規模な災害が起きる前に、企業と自治体が避難所の開設と運営に関する枠組みを決めておく意義は大きい。「避難所は遠くて行きにくい。自宅にとどまって我慢しよう」と考え、自宅で被害にあってしまう人を減らす効果を見込める。水害対策では豪雨や台風で発生リスクが高まった段階で担当者同士が情報を共有し、地域に住む人たちへ適切に伝えることができる。災害が起きてしまった後でも国や市町村などの行政機関が、人と物資の両面で支援しやすくなる効果がある。

全国各地で支援を約束

アイリスが自治体と連携するのは東日本大震災の被災地だけではない。国内の各地に生産拠点を持つため、それらが立地する自治体を中心に、災害時には日常生活で必要な消耗品や食品などを供給することで合意している。16年に滋賀県米原市と協定を結んだことを公表し、18年には兵庫県三田市との締結を発表した。同じ趣旨の取り組みは複数の自治体と実施している。

大震災を経験した企業が教訓を生かして各地の防災インフラの一端を担うことは、地域社会の一員としての役割を果たすことでもある。災害時に助け合う姿勢を示し、非常時の行動を平時のうちに宣言しておくことは、地元での事業継続や人材確保の面でも意義がある。

アイリスオーヤマが本社を置き、およそ100万人が暮らす仙台市とは特に緊密な関係を築いている。2017年には災害が起きた際に、生活物資の供給で協力する協定を結んだ。これに加えて2021年には災害時の帰宅困難者を支援する協定の締結も公表してい

[図表3-4]

災害時の支援協定を自治体と結んでいる

1. 東日本大震災では多くの「帰宅難民」が発生

↓

2. アイリスオーヤマと仙台市が支援協定を締結

↓

3. 要請を受ければ自社ビルの一部を一時滞在所として提供

↓

4. 食料や飲料水も用意

↓

5. 行政などの本格支援が始まるまでに備える

る。大規模な災害が発生し、仙台市の災害対策本部から要請を受けた場合に、アイリスが市内に持つビルの食堂と研修室を一時滞在所として提供する内容だ。

大きな災害が起きたとき、行政から住民への支援が本格的に始まるタイミングの目安は72時間後とされる。それまでの期間を対象に想定し、食料品や飲料水も用意しておく。仙台市の担当者は協定の締結にあたって「東日本大震災では公共交通機関の途絶により、移動や帰宅することができなくなった多くの方々が近隣の駅周辺にあふれ、様々な混乱が生じた」と振り返った。そして「締結によって、帰宅困難者対策はさらに推進される。今後もアイリスオーヤマと仙台市が平素から連携を深め、地域全体として帰宅困難者対策に取り組む」とコメントした。

東日本大震災の当日は首都圏でも多くの鉄道が一時運休し、多くの会社員らが徒歩で長時間かけて自宅へ帰った。スーパーやコンビニエンスストアの店頭では弁当やパンなどが売り切れ、トイレを探して困る人も多かった。「帰宅難民」とも呼ばれた問題は、次の大災害でも起き得ることだ。付近に住む人たちへ提供するために食品や飲料水などを備蓄する姿勢は、結果的に社員の備えを確保しておくことにもつながる。多くの企業がアイリスのように自治体と防災協定を結び、帰宅困難者への対応を進めることは、日本全体の防災力を底上げする意義がある。

ユーザーインの発想が生んだ「防災セット」

そしてアイリスオーヤマは多くの社員が被災した体験を、自社の商品開発にも生かしてきた。通販サイト「アイリスプラザ」などで販売する防災セットは2人が3日間を生き延びることを目的に、防災士とも協力して商品設計した。専用サイトによれば、非常食として水で調理できるアルファ化米は白米に加えて五目ごはんやドライカレーなども用意し、毎食の味を変えられるようにしている。

東日本大震災で避難所での生活を経験した人から「同じ味の非常食を食べ続けるのは、つらかった」と聞いたことがある。「非常時だから食事に不満は言えない」という考え方も存在する。それは正論で、たとえ同じ味でも食べられることが最も重要だ。しかし過去には災害自体から逃れたが、避難所で体力を失って健康状態を崩す場合も多くみられた。疲労とストレスで極限状態となる非常時だからこそ、食事で体力を維持できるかどうかは生命維持の成否に直結する。大切な工夫だ。

［図表3-5］

被災者の「生の声」を防災用品に反映

1. 各地で多くの被災者が避難所での生活を経験

↓

2. 「同じ味の非常食を食べ続けるのはつらかった」などの意見

↓

3. 被災者の「生の声」を聞き取り

↓

4. アルミブランケットなど被災者の意見を反映した防災セット開発

宮城県の沿岸部で津波にあいながらも高台に避難して生還した人の体験談では「雪が降ってきて、本当に寒かった。携帯電話の電源を気にしながら、災害現場の映像をニュースで見ていた」という内容も多い。アイリスの防災セットには手回しで充電するラジオライトや、寒さを防ぐアルミブランケットなどがある。ガラスをはじめとする落下物で足を傷つけないためのサンダルなど、災害を経験した人の声を取り入れて導入した商品も多い。幅広い生活用品を取り扱い、商品開発で生活者の立場を最優先に考える「ユーザーイン」

の発想は防災グッズでも共通だ。

防災インフラにも貢献

防災インフラを直接的に担う商品も開発している。2021年には電源や通信配線が不要で、遠隔地の状況をリアルタイムに把握できる「太陽光発電型セキュリティカメラ」を発表した。河川や土砂崩れの危険がある場所などに設置し、行政などの担当者はパソコンやタブレットで安全な場所から通信で状況を把握できる。地震や洪水が発生した場合は安全な場所へ逃げるのが大原則だが、近くに住んでいる人は避難すべきかどうかの判断などのために海や川に近づき、巻き込まれる場合がある。東日本大震災では高台への避難を呼びかけていた人が犠牲になってしまった事例もあった。映像機能を持つネットワーク機器が果たすべき役割は大きい。

国連のＳＤＧｓ（持続可能な開発目標）では「住み続けられるまちづくりを」という項目で、防災への取り組みをうたっている。水関連災害などの災害による死者や被災者の数を大幅に削減し、世界のＧＤＰ（国内総生産）比での直接的経済損失を大幅に減らすという趣旨だ。東北の企業は東日本大震災で未曽有の津波災害を体験した。将来の天災をなくすことはできないが、過去の経験を生かして被害を可能な限り小さくする「減災」は可能だ。そのためには企業や行政、個人による事前の備えが欠かせない。アイリスが全国各地で進める防災上の官民連携から、企業や自治体が学べることは多い。

ただし、どんな天災でも長い時間が経過すれば記憶は薄れ、災害復旧にあたった当事者が会社からいなくなれば体験を職場で伝え続けることは難しくなる。教訓を正しく伝承することも、アイリスを含む多くの企業にとっての大きな課題だ。

4 若手経営者を育成

「人材育成道場」開講の理由

2016年の8月、大山健太郎氏は岩手県釜石市にいた。東北ニュービジネス協議会や経済同友会などが連携する「東北未来創造イニシアティブ」が地域経済を担う人材を育てる「人材育成道場」の開講式だ。道場には30代を中心に、建設業や水産加工業などの経営者や役員が集まった。以前は東京で働いていたが、震災があったために故郷へ戻って家業を手伝うことを決めた人も多い。講師役は大手監査法人やコンサルティング大手の担当者らが無償で受け持っていた。

宮城、岩手、福島県の被災地には復興工事として膨大な国費が使われ、防潮堤や道路、行政庁舎などが整備された。被災した複数の企業がグループをつくって補助金を受け取り、工場や水産加工場などの設備を直接的に再建できる仕組みも取り入れられた。ハード面では過去にない規模の支援事業だった。

それでも被災地の経済を復興させることは簡単ではない。東日本大震災の発生前から過疎だった土地も多く、地元で生まれ育った人が働き続けるための会社や仕事も少ない。建設会社やホテルなどは復興関連の需要で活況になったが、あくまで一時的なものだ。「地元に根ざした企業が活力を取り戻さなければ、地域は決して元気にならない」。そう考えた大山氏は経営者としての本業の合間に時間をつくり、沿岸部の若手経営者を育成する手助けをしていた。

それが自治体などと連携してつくった「人材育成道場」だ。岩手県の大船渡市や釜石市、宮城県気仙沼市などで地元企業の若手経営者や起業家を指導してきた。ただの講演会では決してない。参加する全員が守秘義務契約を結んだうえで、各社の経営情報を開示しあう。そして4人単位のグループをつくり、監査法人やコンサルティング会社から付きっきりの指導を受けて事業構想をつくり上げる形式だった。

カリキュラムの最後には地元の市長や家族の前で、全員参加の構想発表会を開く。会が終了した後、4人が肩を組んで泣いていることもあるほどだった。「私自身が19歳で経営者になった。志と事業構想を持って努力すれば道は開ける。それを被災地の若者たちにも知ってほしいという気持ちだ」。大山氏は人材育成に臨む理由を、こう語った。そして受講生たちには「東京でも集めるのが難しいような講師陣が東北に無償で来てくれる理由を考えてみなさい。津波の被害があったからでしょう」と呼びかけ、ピンチをチャンスに変える意義を強調していた。

どれだけ税金を投入して製造設備や水産加工拠点、店舗などを整備しても、地域経済を復活させるには地元企業の自発的な再起と収益源の確保が欠かせない。被災地では長年続く自社の看板を下ろしてライバル企業と経営統合し、復活を果たした造船会社がある。酒蔵が損傷しても自助努力で酒造りを再開し、海外へも販売するような進化を果たした酒造会社もある。一方で、補助金を使って大規模な設備を稼働させたが営業活動がうまくいかず、行き詰まった法人もある。行政の支援を受けることが成功に直結するというわけではない。

大山健太郎会長は「震災で設備や販路を失った状態から会社を再建するのは、いわば起業と同じだ。地元を愛し、起業家精神で再建を果たして郷土に尽くせる人材を育てたいと

［図表3-6］

被災地の再生へ若手経営者を育成

❶ 自治体などと連携して「人材育成道場」を設立

↓

❷ 被災地の若手経営者や起業家を指導

↓

❸ 参加者は守秘義務契約を結び、経営情報を相互に開示

↓

❹ 公認会計士やコンサルタントが経営計画の作成を支援

↓

❺ 4人単位でグループを組み、計画を作り市長などに発表

↓

❻ 被災地で若手経営者のネットワークを構築

考えた」と人材育成道場の狙いを語ったことがある。東日本大震災から12年が過ぎたが、独自のアイデアがあれば被災地で新たな事業を始める余地は大きい。起業家精神を持つ人材が活躍する場は、東北にまだ残っている。

ローカルからグローバルへ

「東北には豊かな自然がある。仙台市は日本のシアトルにもなり得る。恵まれた環境を生かして、全国から優秀な人材を集めるための手を打つべきだ」。大山健太郎会長は震災後に被災地で人手不足が表面化した時期、こんな提言をしたことがある。「米国のシアトルは辺地だが、国際的に有名な企業が数多く本社を置く。自然や住環境に優れているからだ。日本でも若くて優秀な人は今後、ますますライフスタイルを重視するようになる。満員電車に乗らなくても仕事と豊かな暮らしができることを前面に打ち出せば、東北には必ず人材が集まってくる」と強調していた。

発言があったのは新型コロナウイルスが日本で流行する前だが、この後には多くの企業が在宅勤務やリモートワークを本格的に導入し、会社都合による転勤を無くす企業まで登場してきた。都市部を離れて地方に住み、都心のオフィスにリモートで「出勤」する形態も、それほど珍しいものではなくなっている。

そして新型コロナ禍でネット通販の取引規模が大きく伸びたことも、地方企業には追い風だと大山会長は強調した。「ネット通販に関していえば大都市で製品を作って全国へ供給するよりも、地方都市に本拠を置く方が競争力は高い。今こそ地方企業がネット通販への本格展開を考えるべきときだ」と説いた。

札幌市や仙台市、広島市、福岡市といった各地方で中核となる都市は、首都圏や近畿圏の中心部と比べれば住居費や交通費など生活にかかるコストを安く抑えられる場合が多い。通勤に必要な時間も短くて済む。そんな生活環境を重視し、地元で生まれ育って定住を望んだり、たとえ給料が若干安くなっても移住してきたりする人が一定の割合で存在する。

しかし彼らの就労の受け皿となる地方の中堅企業は販売先が古くからほぼ変わらず、新たな取引先を獲得できずに「固定客」とだけ商売を続けている場合も多い。潜在的な力を生かしきれていない事例だ。これに対してアイリスオーヤマは仙台市に本社を置く地方企業だが、アマゾンなどの通販サイトに商品を登録し、顧客は日本全国だけでなく海外にも広がる。ローカルに本拠地を構えながらグローバル市場とつながる「グローカル企業」を実現しており、これは多くの地方企業にとって参考になることだ。「固定客」以外の消費者や企業の目に触れることで、自分たちでも気づいていなかった自社商品の長所を認識できる可能性もある。

ネット通販と物流網が発達したことで、アイリス以外にも多くの企業が「地方の力」を発揮できる環境が整ってきている。それは地方出身の優秀な人材に地元で働く機会を提供し、人口が首都圏などの都市部へ集中する日本の構造に一石を投じるような力を秘める。少子高齢化が進む日本国内、しかも地方部だけに顧客を設定する状態で、中小企業が将来の成長に向けた青写真を描くことは難しい。地方企業こそ、大手テック企業のプラットフォームなども活用してグローバル市場を目指すことが必要だ。

5 人材確保に好影響

「東北ナンバーワン人気」の秘密

アイリスオーヤマと東北の結びつきは、ハード面だけではない。プロ野球の東北楽天ゴールデンイーグルスやサッカーJリーグのベガルタ仙台など、地元を本拠地とするプロスポーツチームの有力スポンサーとなっている。選手のユニホームや球場の看板などにはアイリスのロゴが付いている。

楽天イーグルスの運営会社の担当者に、地元の固定ファンをつかむための努力を取材したことがある。ヒーローインタビューなどでファンに呼びかける機会を得た際には「仙台の皆さん」や「宮城の皆さん」とは言わないように選手に徹底していた。代わりに使うことを指導していた言葉は「東北の皆さん」だ。

地元の人口はファンの人数に直結し、来場者数やグッズ販売の規模を左右する。仙台市は人口が100万人を超える「百万都市」だが、その人口だけを背景に成り立つほどプロスポーツは簡単ではない。しかし宮城県に加えて青森県や岩手県、秋田県、山形県、福島県を合わせた東北6県の人口ならば約850万人とされており、約920万人とされる神奈川県をやや下回る水準となる。東北全体を「ホーム」とすることで、首都圏に拠点を置くことに近い状態を生み出す。その考え方は、東北からグローバル市場を目指すアイリスオーヤマと通じるところがある。これも「グローカル」の思考法に近い。スポンサーと球団が同じ発想を持っている。

さらにアイリスはアマチュアスポーツでも複数の競技を支援しており、仙台大学の女子野球部のスポンサーになることも発表している。支援金を助成するほか、宮城県内の主力工場のグラウンドを提供する。選手のユニホームにはアイリスのロゴを付ける。

これらの取り組みは、東北で人材を獲得する際の力にもなっている。就活生に聞いた就職を希望する企業のランキングでは、キーエンスや任天堂、三菱重工業やソフトバンクグループよりも上位となったことがある。かつて東北の人気企業といえば東北電力や七十七

［図表3-7］
地元のスポーツチームや大学を支援している

❶ 東北楽天ゴールデンイーグルスなどプロスポーツの主要スポンサーに

↓

❷ 知名度が高まり、就職希望ランキングでも上位になるなどの効果

↓

❸ 仙台大学の女子野球部のスポンサーにも

↓

❹ 東北のスポーツ振興を後押し

銀行といったインフラ関連企業や金融機関が定番だった。企業としての知名度を高めるとともに地域密着の姿勢、そしてグローバル市場を相手にする戦略を打ち出すことで「東北ナンバーワン」が定位置になりつつある。

グローカル路線の成功事例

アイリスオーヤマは都内のオフィスビルに「東京アンテナオフィス」を構え、東京と大阪に「R&Dセンター」を持つ。一般の企業ならば登記上の本社だけを宮城県に残し、東京都の拠点が実質的な本社機能を担ってもおかしくない。しかし大山健太郎会長は宮城に軸足を置く構えを崩さない。これは大山晃弘社長にも共通だ。2021年に実施したインタビューで、大山社長は「当社が仙台市から本社を移すことはない。地方からでもグローバル企業になれることを証明したい」と明言した。

大山社長はアイリスに入社した早い段階から海外事業を指揮してきた。欧州などの地方都市で創業して長い歴史を持つ企業は、企業規模が大きくなったからというだけの理由で首都への本社移転を決めるとは限らない。そして創業の地との結びつきを大切にしながら

［図表3-8］
「グローカル企業」を目指す

大山健太郎会長

「仙台は日本のシアトルになれる力を秘める」
「地方企業こそインターネットを利用した
ビジネスを手掛けるべきだ」

大山晃弘社長

「仙台から本社を移すことはない」
「地方からでもグローバル企業になれることを証明したい」
（2021年7月のインタビュー記事から）

グローバル化を進める会社も多い。大山社長は当時のインタビューで「東日本大震災は終わった話ではなく、特に福島県はまだまだ支援が必要になる」とも語り、アイリスオーヤマ全体で復興を後押しする姿勢を示した。この章の冒頭で示した双葉町などへの移住支援は、その一環だ。

東日本大震災は未曽有の大災害だが、日本各地でみれば毎年のように地震や洪水、土砂災害などが発生している。被災者の救援やインフラの復旧などは行政の役割だ。しかし、そこに地元企業が加われば災害前よりも強いまちづくりや地方経済の活力向上も可能になる。平時はグローバル市場に向けて商品やサービスを提供し、地元の危機には率先して物資や資金、避難場所などを提供する。そんな「グローカル企業」が増えれば、日本全体のレジリエンス（復元力）を高められる。

アイリスオーヤマは現在も最適解を求めて改善を重ねている。グローカル路線を目指す多くの地方企業にとってアイリスの歩みと今後の一手は、様々な面で参考になる。「地方の力」は幅広い企業が潜在的に備えている。それを経営者が引き出せば、自社を新たな段階へと進めることが可能になる。

第4章

失敗の力

アイリスオーヤマ

強さを生み出す5つの力

1

リスクなくしてリターンなし

失敗を断罪しない

アイリスオーヤマの大山健太郎会長は日本経済新聞社のコンテンツ配信「ＮＩＫＫＥＩ ＬＩＶＥ」に出演した際に経営者と社員の役割分担を、こんな言葉で示した。

「経営はリスクなくしてリターンなしだと考えている。リスクを取るのは会社であって、個人ではない。社員は自分の仕事を一生懸命やる。工場を建てるにしても新商品を作るにしても、それは社長や会社の責任だ」

リスクを取るとは、つまり事業が失敗した際の責任を負うということだ。多くの企業では多額の資金を投じた新商品や新サービスが消費者や取引先に受け入れられず撤退するような事態になると「犯人探し」ともいえる動きが始まりやすい。誰が発案し、どの部署が責めを負うべきなのかという議論が始まり、担当者を「断罪」して終わりがちだ。大山会長は、そんな後ろ向きの動きを否定する。「リスクを恐れていては、何も前に進まない。リスクなしで絶対に勝てるはずがない」。企業として挑戦することの重要性を説く。

アイリスでは販売開始から3年以内の商品が売上高全体に占める割合を6割以上にするという「商品ラインアップの新陳代謝」を重視しており、実際に1年間で約1000アイテムの新商品を発売する。それだけ多くの商品を発売すれば「当たり外れ」は当然のように出てくる。大山会長は「商品が成功すれば提案者の成果で、失敗したらジャッジした社長の責任だ」と社内で言い続ける。

これはアイリスの人事評価の透明性が高く、販売結果などの実績だけで単純に考課結果を決めるわけではないから成立する言葉でもある。部下や同僚、関係部署も含めた「360度評価」の要素が入っているため、上司が自分の失敗を部下へ一方的に押しつけて問題を決着させるような考課が成立しにくい。そして「失敗をマイナスにとらえては、社員が萎縮してしまう」と大山会長は強調する。

［ 図表4-1 ］
社員の失敗を許容し、挑戦を促す文化

❶ 大山会長「リスクを恐れていては、
何も前に進まない」

↓

❷ 商品ラインアップの新陳代謝を重視

↓

❸ 多くの新商品を発売するため「当たり外れ」が発生

↓

❹「成功は提案者の成果、失敗は社長の責任」と
社内で徹底

トップの仕事はジャッジすること

社員が自発的に多くのアイデアを出して自社の「若さ」を保ち続けるには、経営者が部下たちの失敗を許容し、最終的な責任は自身で負うという覚悟が欠かせない。「トップの仕事はマネジメントではない。ジャッジして、新しいビジネスチャンスにチャレンジすることだ」と大山会長は説く。

アイリスの家電部門などではパナソニックホールディングスや三洋電機といった電機大手からの転職者が多く働いている。「キャリア採用した人材が一番喜ぶのは、ジャッジが速いことだ。『前の会社では商品化まで1年や1年半が必要だった』と話している」と大山会長は言う。アイリスではトップの承認を受けてから「3カ月後には商品として市場に出る。打てば響くとなれば、次のアイデアもどんどん出そうという気になる」。経営者が部下たちの失敗の責任を自身で負うというリスクを覚悟しながらも素早く判断を下すことが、組織の活性化と士気向上につながる。

2 他社製品の失敗も生かす

その製品、どこが「なるほど」なのか

アイリスオーヤマの「失敗の力」とは失敗を恐れず、それを糧として新たな手を組織全体で次々に打ち続けることを指す。そして他社が犯した「失敗」も、自社の力にしてしまう。その典型例が他社製品の「使い倒し」だ。

それでは使い倒しとは何か。開発担当者がプレゼン会議で自身のアイデアを通すためには、生活者に「なるほど」と思わせるデザインや機能などを示すことが欠かせない。そのために技術者たちは自身がユーザーとなり、生活者の立場で同業他社の製品を徹底的に使ってみる。その行為を使い倒しと呼んでいる。

2017年の夏、売上高を伸ばし続けるアイリスの商品開発の秘訣を探るため、各地の拠点を取材した。役職や事実関係などは取材当時のままで、見えてきた内幕を振り返る。

最初に向かったのは、アジアを中心とした海外からの観光客で路上が大混雑していた大阪市の心斎橋だった。目的地は、その一角にあるアイリスの家電開発拠点「大阪R＆Dセンター」だ。社員証をかざさなければドアが開かないフロアには、多くの試作機が他社製品とともに並んでいた。その近くでは技術者たちが開発中の商品の動作確認や、他社製品との性能比較に追われていた。

ここで勤める開発担当者の多くは他社からの転職者たちだった。当時のデザインセンターマネージャーは、かつてパナソニック（現パナソニックホールディングス）で洗濯機や炊飯器、テレビなどのデザインを担当していた経験を持つ。「パナソニックのデザイン部門と比べれば、うちの人数は100分の1ぐらい。そして仕事の進め方は正反対だ」と語った。

マネージャーはアイリスに入社した直後の時期に、社長だった大山健太郎氏から意外な言葉で叱責を受けたことがある。「そんな数字より、おまえ自身はどう思うんや」というセ

[図表4-2]

他社製品の「使い倒し」が開発のカギに

❶ 開発者が他社製品を購入し、自宅で徹底的に使用

↓

❷ 稼働音や操作性、「箱から出しにくい」まで不満を探す

↓

❸ 自社の技術で解決できる不満を新商品に反映

↓

❹「こういう不便は仕方ないものだ」の常識を疑う

リフだ。少量の油で揚げ物ができる調理器の開発会議で自分が考案したデザインの長所を示すため、他社製品と比べた市場調査の結果を示したときのことだった。

「パナソニックでは複数の部署と連携して市場調査などのデータを過不足なく集め、様々な会議を確実に通す提案書を書けるのが優秀な人材だった」と振り返る。一方で、アイリスは許可を得る手順が極端に少ない。毎週月曜に宮城県角田市の主力生産拠点で開くプレゼン会議で計画が了承されれば、それで決まりだ。

プレゼン会議では担当者が大山健太郎氏から、必ずといっていいほど投げかけられる言葉があるとマネージャーは明かした。「その商品、どこが『なるほど』や」だ。「その質問に確実に答えるため、我々は他社の製品を使い倒す」と技術者としての日常を語った。

他社製品の不満を100個

アイリスの技術者たちは他社製品を自宅で実際に使ってみて、不満や文句につながる「マイナスポイント」を見つけることに余念がない。家電製品ならば稼働している際の騒音が大きい、操作ボタンの配置が悪くて扱いづらい、本体が重すぎて1人では持ち運べない

［図表4-3］
生活者としての実感を明確な意見にする

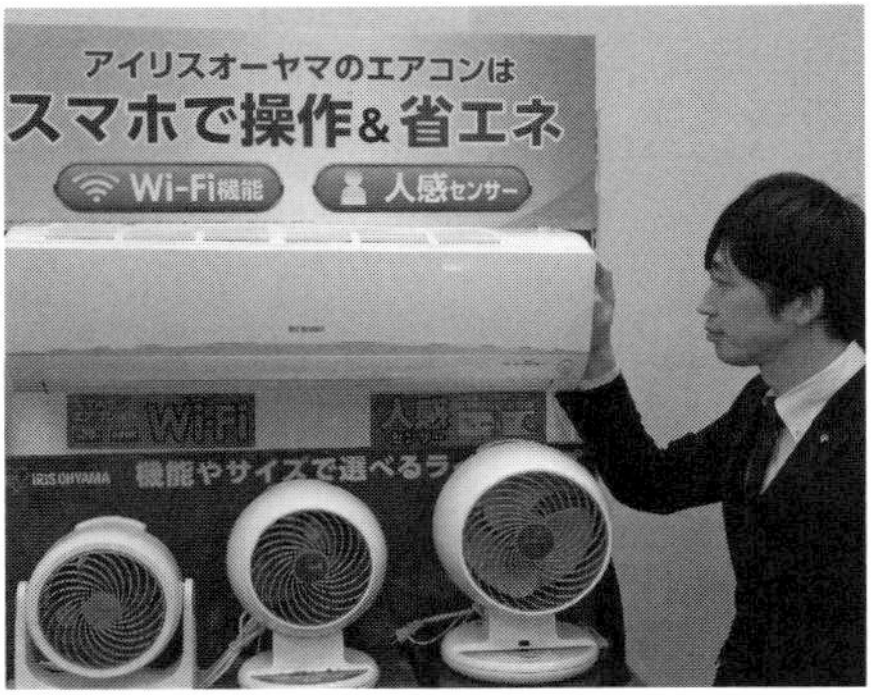

❶ 新商品の開発で、まず競合他社を列挙
↓
❷ 他社製品で感じた不満を出し合う
↓
❸ それらの不満を解消できる「なるほど」を考案
↓
❹ 自社の企業理念を念頭に置いて議論を進める

といった基本的な特徴が挙げられる。これらに加えて「緩衝用の発泡スチロールが引っかかって段ボール箱から取り出しにくい」といった何気ない内容まで、開発担当者が実際に使ってみて感じたすべての不満や「失敗」が対象となっていた。「開発チームで最大100個は不満を挙げる」とマネージャーは実態を明らかにした。

そして100個の不満や失敗のうち、自社の技術で解決できるものを選び抜いて新商品に反映させる。技術者が他社製品の不満を解消し、プレゼン会議で「誰よりも私自身がこの新商品を買いたい」とトップを説得できたとき、プロジェクトにゴーサインが出る。そんな体験談を語っていた。

こんな過程を経て消費者から「なるほど」の声を引き出した商品は強い。2016年10月下旬に発売したヨーグルトメーカーはセ氏25度から65度まで1度刻みで温度を設定できる機能を持たせて、甘酒や納豆も自宅で作れるようにした。当初の年間販売目標は4万台だったが、販売開始から9カ月で10万台以上を売るという予想を超える実績を残していた。

消費者の意表を突く

アイリスが重視する「なるほど」とは、どういう感覚なのか。一般的な企業がヨーグルトメーカーを開発する場合、思いつきやすいアイデアは「素早くヨーグルトが完成する」「口当たりが良いものを作れる」「できたヨーグルトの見栄えがいい」といった真正面からの性能向上だ。もちろん重要なことだが、それらを前面に打ち出しても消費者の意表を突くことはない。いわば「想定の範囲内」だ。しかし「納豆も自宅で作れます」と言えば、消費者は「確かに同じ発酵食品だな」と気づかされる。

「コロンブスの卵」という言葉がある。アメリカ大陸に到達したコロンブスが本当に実行した出来事かどうかは置いておき「言われてみれば簡単なことでも、最初に実現することは難しい」といった意味で使う。

ヨーグルトと納豆がともに発酵食品であることは常識だ。しかし「ヨーグルトメーカーで納豆や甘酒も作れるようにして、それを消費者にアピールしよう」という発想を持った開発担当者が存在し、実際に組織として商品化までたどり着くかどうか。これは、その会社がどこまで失敗を許容できるかに左右される。「そんな当たり前のことを俺が会議に出せるか。君は提案が通らなかった場合の責任を取れるのか」と上司が部下に言ってしまえば、そこで終了だ。

「この機能を消費者に示せば『なるほど』という新たな気づきを感じてもらえる。それならば開発を進めよう。もし失敗しても、承認した社長の責任だ」。社内でこんなコンセンサスがあることが、アイリスの「なるほど開発」の秘訣といえる。もちろん、社内で「なるほど」の感覚があると評価された商品すべてがヒットするわけではない。その場合は、どこが生活者の視点とずれていたのかを検証し、次の「なるほど」につなげる。これを繰り返し、開発力を底上げしている。

「使い回し」が生み出す連続性

宮城県角田市の主力生産拠点で製品の品質を高めるための研究所も2017年に取材した。応用研究部のマネージャーは武田薬品工業で農薬を開発していたが、退社して宮城県に移り住んだ人物だった。2006年にアイリスへ入社して配属された研究所の風景は、武田薬品とは全く異なっていた。

マネージャーは「水槽では魚が泳ぎ、床のケージでウサギやハムスターが餌を食べていた」と転職した当時を振り返った。この光景は、どういうことを意味するのか。それはペットの食品やトイレなどの開発に必要な工程だった。すでに世の中に出ている他社製品の「不満」にあたるポイントを探すため、動物たちが社員の代わりに「生活者役」を務めて製品を使い倒していた。

その後、アイリスが新規分野へ参入するたびに研究所の風景は変わった。ウサギを飼育していた部屋では、２０１７年の時点になるとＬＥＤ照明の耐久試験が進んでいた。草花を育てる園芸用の土を研究していた部屋は家電製品の開発スペースになっていた。それでも「なるほど」を生み出す技術には連続性がある。

「ペット用トイレで悪臭を抑える技術は、空気清浄機の開発に生きた。木製家具へのカビの発生を確かめる試験手法は、加湿器に入った水の安全性確認に応用できている」とマネージャーは解説した。

使い倒しと並んで「使い回し」もアイリスの商品開発の特徴を表す言葉といえる。当時の研究所で炊飯器のふたの開閉を自動で何度も繰り返す試験機は、衣類などを入れる透明な収納ケースの耐久試験のために研究者が手作りした器具を改良していた。必要なものは自前で作り、自社の進化にあわせて改良する。この意識を持って「何でも屋」にならなければ、アイリスの研究者は務まらない。そんなことを実感した。

研究開発に必要な設備や機材などがあれば、まずは自分たちで解決する手段を考えてみる。創業から間もないスタートアップにも共通するような精神は、研究所の風景がどれだけ変わっても受け継がれていくだろう。

手痛い経験が生んだ確信

アイリスオーヤマが生活者の「なるほど」につながる開発に強くこだわるのは、大山健太郎会長が自身の経験として、決して忘れることができない苦しい時期があったからだ。プラスチック下請け加工の大山ブロー工業所を創業者の父から引き継いで9年後、1973年に発生した石油危機が引き金となって起きた事態だ。

当時はプラスチック製の育苗箱が主力商品だった。原油価格の高騰を見込んだ問屋から大量に注文が入った後には各社が在庫の山を抱え、投げ売りを覚悟した激しい価格競争が始まってしまった。この経験を通じて大山氏は「他社と似通った製品を作っていては、またいつか価格競争に巻き込まれかねない」と痛感する。生活者の不満を見つけて解消する「なるほど」の感覚に軸足を置くことで、他社と横並びになりやすい商品は避け、確実に利益を出し続ける。これこそが企業を存続させる道だと、大山氏は手痛い経験を踏まえて確信した。

消費者の本音を引き出す「SAS」

消費者が本当に求める商品とは何なのか。そして既存製品への不満はどこにあるのか。それを探るためにアンケートをする企業は多いが、アイリスは調査会社が収集するデータだけには頼らない。自ら一歩を踏み出し、ホームセンターなどの店内へ消費者の不満の声を集めに行く。

その役割を担うのが「ＳＡＳ（セールスエイドスタッフ）」と呼ぶ販売支援担当者だ。２０１７年に取材した時点では約６５０人が存在し、大部分は女性だった。活動の範囲は幅広く、アイリスと取引する全国の約８００店舗の売り場で勤務していた。主な業務は家電操作の実演だが、自社商品を宣伝することだけが目的ではない。来店客と雑談し、本音を引き出すのが本当の役割だった。

「高温の蒸気で油汚れなどを落とすスチームクリーナーは便利なんだけど、本体が重くて長い時間は使いにくいよ」「やっぱり家電製品は有名なメーカーの商品じゃないと、故障などが不安で買いにくいんだよね」。ＳＡＳはアイリス社内で製品に関する専門知識を学んでいるだけでなく、多くの場合は自身も家庭内で製品を実際に使っていた。ユーザー同士が雑談する感覚で、気軽に話していた。

アイリス傘下でホームセンター「ユニディ」を運営していたトップは、ＳＡＳの現場での仕事ぶりに感嘆していた。「彼女たちのコミュニケーション能力は本当にすごい。アイリス商品への不満や要望、電機大手の製品を信頼して買い続ける理由など、ここでしか聞けないような消費者の生の声が次々に集まってくる」

取材当時で650人いたＳＡＳは現場で集めた本音を毎日、Ａ４判１枚の日報（リポート）にまとめて提出していた。自社商品への褒め言葉も必要だが、それ以上に不満や文句を書き漏らしてはいけない。他社製品への信頼感や褒め言葉は非常に重要だ。全員の日報を集約した内容は社内ネットワークに掲載し、全社で「なるほど」を探すタネとなっていた。

ＳＮＳなどを使ったアンケート調査で、自社商品の「良い点」を消費者に探してもらう企業は多い。ある商品やサービスについて、満足度を何段階かに分けて評価してもらう手法も広まっている。しかし自社への称賛よりも不満や文句を重視する情報収集に力を入れる企業は少ない。

あるメーカーの個別商品について文句を伝えてくる消費者は、その企業に期待感を持っているからこそ不満を漏らしているとも考えられる。そこには「なるほど」のタネが隠れている。コールセンターに集まったクレームの内容を社内で広く共有するなどの手法で、多くの企業がアイリスのマーケティングから学べる点は多い。

実際のところ、ＳＡＳが集めた不満が新商品を開発する出発点になることもあった。「重くて、長い時間は使いにくい」と消費者から不評だった当時のスチームクリーナーは蒸気の噴き出し部分の近くにスイッチを付けて、本体を床に置いたままホースだけを持って掃除できる商品を売り出した。消費者の「生の声」を生かした商品開発は効果的で、改良した商品の販売は好調だった。

他社が追いつけないスピードで開発

大山会長は新商品を積極的に開発する戦略について、こう語る。「うちの商品を他社がまねしてきても、それを超えるスピードで当社が新商品を出し続ければいい」。商品を進化させ続けることが、他社との価格競争という失敗を避けるための道筋だ。その結果が「売上高全体に占める発売3年以内の商品が6割」という経営の根本原則につながっている。

1人の生活者として感じた不満を解消するアイデアを開発者が出し、研究部門が蓄積してきた技術を生かして「シンプル、リーズナブル、グッド」な商品に仕上げる。それを消費者が受け入れる価格で売り出せるように工場が知恵を絞る。主要拠点をつなぐサイクルが完成したとき、消費者の「なるほど」を呼ぶ商品が生まれる。

3 再現・アイリス社内の開発会議

会議では実体験と挙手

他社製品の「使い倒し」を経験した担当者は、アイリスオーヤマの社内で実際にどんな議論をしているのか。日本経済新聞社のコンテンツ配信「NIKKEI LIVE」で、現場の会議を取材したことがある。東京と宮城をオンラインで結んだ会議は、こんな内容だった。会議を短時間で終わらせるために、出席者の全員が立ったままだ。

まず宮城の主力生産拠点の担当者が東京R&Dセンターの担当者に対し「次のプレゼン会議に向けて、次機種の開発について打ち合わせしたい」と呼びかける。テーマは軽量で需要拡大の期待が大きい掃除機、スティッククリーナーだ。

宮城の担当者は、想定される競合他社を列挙していく。この結果を踏まえて「基本的に大手メーカーになる」と語り、ライバルの規模が大きいことを示す。そのうえで「これらに勝てるような商品力とコストが重要になってくる」と開発に向けた基本姿勢を示した。担当者たちが「使い倒した」ライバルの商品に勝つことが最終的なゴールとなる。

次に議題となるのは具体的な機能の設定だ。宮城の担当者は「これらを見ながら、どういうスペックで戦っていくのかを打ち合わせたい。他社に負けないような吸引力や様々な機能を、どれだけ具現化できるか。それを詰めていって、プレゼン会議に臨みたい」と提案した。これは「開発担当者が１００個集めた不満」を解消するための具体的な戦略を決めるプロセスにあたる。

これに対して東京の担当者たちは「他社のラインアップを見ても、今回アイリスが高いラインを攻めるなかで、基本性能で劣っていないことは前提となる。そのうえでアイリスは他社にない『なるほど』機能が特徴だ。高機能とユーザーインの『なるほど』機能を打ち出せば、間違いなく勝てると思う」と返した。

宮城の担当者は、こう同意する。「ただ機能を上げて売価を上げるのでは、全く意味がない。他社にはない、お客さんの不満を解決できる『なるほど』を付け加えれば勝てるから、そうしていきたい」。そんな言葉で締めくくった。

「アイリスは……」に込めた想い

これは部外者がカメラで撮影している状態の会話であり、普段の会議とは異なる要素も十分にあり得る。ただし、注目すべきなのは社員たちが自然に使っていた言葉だ。彼らは「アイリスは……」という言葉で、自社の開発の根本方針を語っていた。社内会議で自社を表現する場合には「うちの会社は」や「当社では」「我々は」などの言い方が一般的だ。ごく自然に社名が出てくることは多くない。

たくさんの企業が社是や社訓、経営理念を持つが、日常の会議でそれらが引用されることは少ない。しかしアイリスオーヤマの社員たちが「アイリス」という言葉を使うとき、そのワードは自分たちが勤める会社を指すと同時に、大山健太郎会長が確立してきたユーザーインなどの発想や概念も表している。

アイリスオーヤマに入社した新人たちは5カ条の「企業理念」を暗記し、唱和できるようになることが会社の一員に加わるスタートラインにあたる。内容は、すべて大山会長が自身の失敗や苦心を糧にして生み出してきた言葉を基にしている。1991年に園芸用品ブランドの「アイリス」を基にして社名変更する際、経営に関する考え方を文章としてまとめて成立した。具体的には、こんな5項目となっている。

1、会社の目的は永遠に存続すること。
いかなる時代環境に於いても利益の出せる仕組みを確立すること。

2、健全な成長を続けることにより社会貢献し、利益の還元と循環を図る。

3、働く社員にとって良い会社を目指し、会社が良くなると社員が良くなり、社員が良くなると会社が良くなる仕組みづくり。

4、顧客の創造なくして企業の発展はない。生活提案型企業として市場を創造する。

5、常に高い志を持ち、常に未完成であることを認識し、革新成長する生命力に満ちた組織体をつくる。

これらは世の中の変化へ的確に対応することの重要性や、生活者の視点を忘れずにユーザーインの姿勢で商品を開発する姿勢などをうたっている。アイリスの社員たちは新人研修だけでなく、様々な機会に唱和し、徹底すると大山会長は言う。

現代の日本企業では異例の習慣ともいえるが、組織の全員が同じ目標を目指すため自分たちのゴールを再確認する手段でもある。その結果として、実際にユーザーインや「なるほど」の発想、生活者目線といった価値観がアイリス社員の間で共有されていることが、開発担当者たちの会議での発言からは読み取れる。

常に何らかのアイデアを考えて開発

そして宮城の主力生産拠点からオンラインでクリーナーの開発に関する提案を受けた東京R&Dセンターの担当者たちは、実体験を踏まえて自分たちで議論を進めていく。まず司会者が「次回のなるほど提案に向けてクリーナーの『不満出し』をしていきたい」と同僚に呼びかけた。他社の製品を使い倒して「100個の不満」を各自が集めた結果の確認だ。

するとある社員が「ごみ捨ての際にフィルターなどを掃除しようとすると、残っているちりや細かいごみが手に付くのが不満だ」と口火を切った。司会者は発言を付箋に書いて記録したうえで、その不満に共感する人に挙手を求める。数人が手を挙げて、結果を共有した。

司会役の社員は、この発言を受けて「これは、多くの人があきらめている点だと思う。掃除機のごみを捨てる際には手が汚れるものだという認識がついている」と指摘した。そのうえで「これを改善できたら、みんなをあっと驚かせるようなものになると思う」と続けた。

次の社員が指摘した不満も、多くの消費者が日常的に経験している内容だ。「クリーナーのブラシに髪の毛が絡まってしまい、外して掃除しなければいけない場面が多い。それが、かなり不満だ」

この意見には参加した全員が挙手し、共感を示した。「掃除機は床をきれいにするものなのに、汚れたブラシで掃除するのは嫌だ」「回転体に長いものが巻き付くのは仕方ないが、付かないようなものがあればいい。これは市場にもあるニーズだと思う」。そんな実体験に基づく生活者としての感覚を語り合っていた。

会議の後で開発担当者の1人は、こう話した。「開発者の目線で言えば、アイリスのスピードが速いのは、こんな『立ちミーティング』で離れている宮城や中国の拠点と話し合っていることが背景にあると思う。開発の過程で疑問点などが出てくれば、電話して『すぐ会議しましょう』となる。こんなことを毎日のようにやっている」

それはアイリスの意思決定が毎週月曜のプレゼン会議を主体に回っているからでもある。締め切りは1カ月後や3カ月後ではなく、毎週やってくる。「毎週提案をしているので、もちろん企画案を毎週考えなければいけない。さらに年間を通じて商品を発売する必要もあるので、常に何かのアイデアを考えて、開発している。スピード感があり、そこがやりがいでもある」と語った。

「生活のシーンは不満だらけ」

会議の映像を「ＮＩＫＫＥＩ　ＬＩＶＥ」の配信会場で見ていた大山健太郎会長は「開発の出発点は泥臭いところにある。生活のシーンは不満だらけだ」と強調した。そして具

［図表4-4］

サーキュレーターは「なるほど家電」の象徴

❶ エアコンを稼働し、適温まで時間がかかるのは「常識」

↓

❷ 天井付近と床面では温度差

↓

❸ 室内の空気をかき混ぜて電気代を節約

↓

❹ 消費者も気づいていなかった不便を解消

↓

❺ 日本だけでなく海外でも販売が好調

体例として、アイリスの主力商品の一つであるサーキュレーターを挙げた。扇風機は人間が涼しさを感じられるように風を広い範囲へ送って体の表面を冷やすのに対し、サーキュレーターは遠くまで届く風を直線的に送る。

大山会長は言う。「サーキュレーター自体は以前から存在した。しかし我々は室内の空気を循環させて天井と床の温度差を小さくする機能に特化した商品を開発し、爆発的に売れた」。これは、どういうことを指すのか。

単純に人間が風を受けて夏場に涼

感を得るだけならば、扇風機の方が適している。しかし真夏や真冬にエアコンを稼働させると、天井付近と床面では温度差が大きくなりやすい。室内にいる人が快適だと感じる温度に調節するには一定の時間と電気代が必要になる。サーキュレーターで室内の空気をかき混ぜれば、電気代を節約できる場合が多い。

この事実を踏まえてアイリスは空気の循環に特化した商品を開発した。かつては扇風機の代替品と考えられることも多かったサーキュレーターだが、最近ではエアコンと併用する使い方が一般的となっている。「生活者自身も気づいていない不便を解消する」。これが商品解決における大山会長の持論だ。

2022年6月には、サーキュレーターの2021年までの国内外シリーズ累計販売台数が1500万台に達したことを発表した。2020年に1000万台に到達しており、1年間で500万台を販売した格好となる。特に海外での販売拡大のペースが速い。生活者に「なるほど」と感じさせる商品が売れることは、世界各国・地域で共通だということが分かる。

4 アイリスの会議は何が優れているのか

「ユーザー目線」に立てない理由

「ＮＩＫＫＥＩ　ＬＩＶＥ」の配信会場でアイリス社員の議論や大山会長の解説を聞いていた一橋ビジネススクール教授の楠木建氏は「なぜ多くの会社が、口では言いながらもユーザー目線に立てないのかを考えるべきだ」と問題提起した。いわば一般的な企業における「ユーザー目線に立つことの失敗要因」だ。その理由は、どこにあるのか。

「アイリスの商品開発には『引き算』がある。なるほどと消費者に思わせることが大事で、それ以外のものを引いていくことによって、顧客にとっての『なるほど』が強く出る。この引き算が、多くの企業にはできない」と楠木氏は指摘した。

さらに、アイリスが社員のアイデアを必ず最終的な製品にすることの重要性も強調した。「アイデアを言っているだけの段階ならば自分も生活者なので、みんながユーザー目線に立てる。ただし、それを形にするにはサプライヤーや各部門があり、一気に供給者の視点に戻ってしまう」。「なるほど」に焦点を絞る引き算の発想と、アイデアを必ず形にするというゴールを社員全員で共有している姿勢に、アイリスが「ユーザー目線」を実現できている秘訣があると語った。

これに対して大山会長も、引き算の発想で商品を開発することの重要性を「社内では『引き算ならば小学2年生でもできる』と言っている」という言葉で表現した。そのうえで「これまでは足し算がものづくりの原点だったが、アイリスの商品はシンプル、リーズナブル、グッドを目指している。消費者はデパートで買った『ハレの日』の服を普段は着ない。我々の生活用品はほとんどが『普段着』にあたる」と語り、引き算の発想を具体的に示した。

多くの会社はライバル企業を意識して、開発段階で商品に様々な機能を付けて高額な「晴れ着」にしてしまいやすい。この不必要な足し算が、新商品の開発プランをユーザー目線から離れさせていく。そんな落とし穴を避けることが重要だ。

価格設定でユーザー目線を実現するキーワードには「値ごろ感」を挙げた。大山会長は言う。「我々は高いものを安くしようとしているのではない。辞書で『値ごろ』という言葉を調べても、明確な定義は出てこないだろう。しかし実際に買い物をする生活者は『これならばいい』という価格帯を知っている。我々は毎週、20種類も30種類も商品を開発しているので、高いか安いかという値ごろが直感で分かる」。こんな言葉で、失敗を恐れずに多くの新商品を開発することがユーザー目線の実現につながるという意義を語った。

カジュアルに見えてフォーマル

元早稲田大学ラグビー蹴球部監督の中竹竜二氏はアイリス社員の会議を見て、まず「立ってやっているのがいい。クイックディシジョン（素早い意思決定）は絶対に立ってやった方がいい」と指摘した。さらに「アイリスオーヤマの会議の目的は、ほとんどがディシジョンだ。ディシジョンとはフォーマル（公式の場）であり、特に良いのは参加者に挙手させることだ。多くの会議では『この意見への賛成は、どう？』と話すような曖昧な雰囲気で進めていく。カジュアル（非公式の場）のように見えて、フォーマルな仕組みを入れ

［図表4-5］
議論では賛否を明確に

1. 一般的な企業の会議では「異論は無いですね」で進行も
↓
2. アイリスオーヤマでは参加者が挙手し、意見を表明
↓
3. 「たぶん、みんな賛成だろう」などの曖昧な結論を回避
↓
4. 会議で互いに不備を指摘しあえる雰囲気を醸成

ていることが素晴らしい」と語った。

これは、どういうことを指すのか。企業には、フォーマルな会議とカジュアルな会議が存在する。フォーマルな会議は会社や組織としての意思を決める場であり、カジュアルな会議は担当者レベルの打ち合わせや根回しとも言い換えられる。中竹氏が指摘したのは、アイリスがカジュアルの場であっても参加者に自身の意見を賛否の挙手という形で示すことを求め、記録に残していることの重要性だ。

多くの企業では「フォーマルな会議に備えた打ち合わせ」という趣旨で、関係者への事前説明や意見集約の機会が存在

する。担当者同士でプレゼン会議に備えるミーティングをするという意味ではアイリスも共通だが、そこでは参加者が自身のアイデアを具体的に示し、他者の意見や発想に対して明確な賛否を示す。「賛否は確認していないが、特に異論は出なかった。参加者全員がアイデアに納得したようだ。おそらく問題ないだろう」といった曖昧な結論を出して、プレゼン会議に臨むことは避ける。これもアイリスが「失敗の力」を重視し、議論の過程で互いに問題点を指摘しあいながらアイデアを磨くことを重視しているためだ。

「失敗の指摘」を記録に残す

企業によっては会議に先立って決定権を持つ上司に発表の趣旨を詳しく説明しておき、実際の議論の場では出席者からの発言がなく「異議なし」と確認しあうことを良い会議と位置づける場合もあり得る。ただし、それが常態化すれば会議自体の意味が薄れ、実質的にはごく少数の関係者が密室で意思決定することにもつながる。

「会議で他者の提案や報告に疑問を持つことはあったが、その場では異論を唱えにくかった」「上司の意見に反論しにくい雰囲気が社内にあった」「何か言ったら負けだ、という感覚があった」。これらは法規制などへの違反があった企業の調査報告書で、よく見かける趣旨の文言だ。

日常的な会議で他者、特に同輩や上司への「失敗の指摘」を封じ込めることは将来、さらに大きな失敗として表面化する可能性もある。アイリスオーヤマの会議で参加者が賛否を挙手で示し、それを記録に残すという習慣は、多くの企業にとって導入する価値がある。

5 「なるほど開発」の秘密

「当たり前」を疑う

アイリスの家電製品は開発段階で担当者が生活者視点に立った意見を交わしているだけに、単純だが消費者の意表を突く機能がある。その典型例が炊飯器だ。多くの機種で「あきたこまち」や「ひとめぼれ」といった銘柄ごとに火力や加熱時間などを調節し、コメの特徴を最大限に引き出す「炊き分け」をしている。開発担当者に、なぜコメの銘柄によって炊飯器の稼働を変える必要があるのか質問したことがある。

担当者は「大学の体育会の合宿のように、大釜で炊いたコメがおいしいと言われる理由を考えてほしい」と返してきた。回答できずにいると「大釜で炊けば、その銘柄に適した

[図表4-6]
「仕方ない」では済ませない

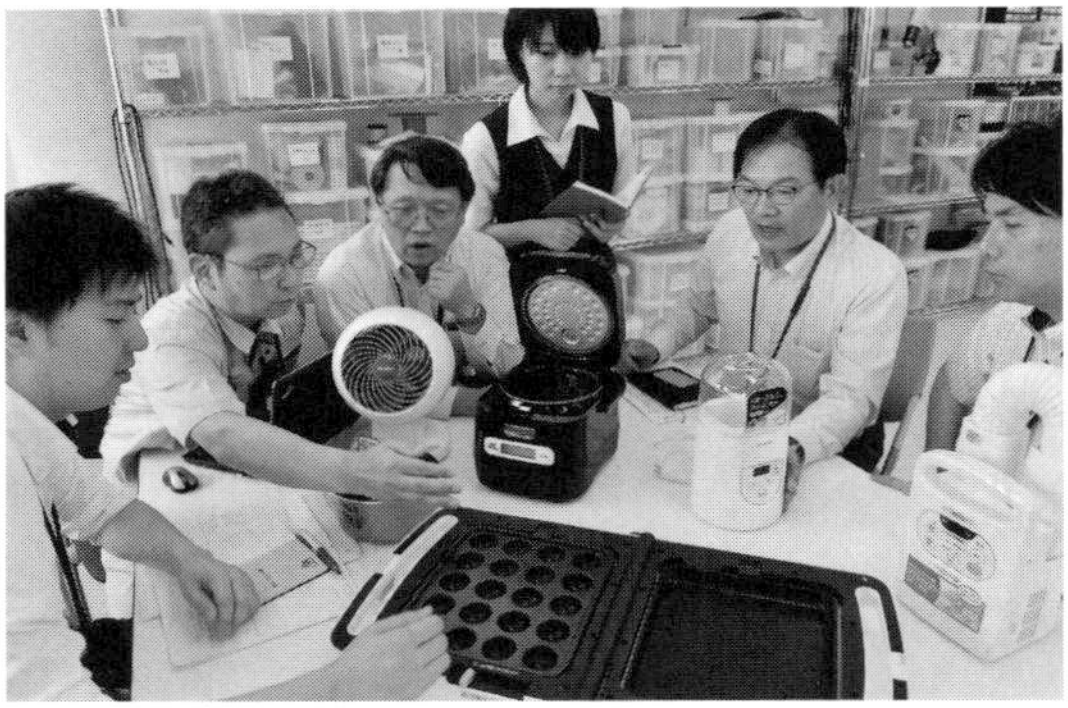

❶ 自宅でコメを炊いても、
大釜で炊いた味には匹敵しない

↓

❷「それは仕方ない」と消費者が考える

↓

❸ コメの銘柄変更で最適な水加減が
変化している可能性

↓

❹ 銘柄別に火力などを調節する機能を
炊飯器に持たせる

水加減などから少しぐらい外れていても、影響は小さいからだ」と理由を挙げた。

スーパーなどの店頭には様々な銘柄のコメが並び、家庭によって「定番」は様々だ。しかし理想の炊き上がりにならなかったり味わいが好みでなかったりしても、多くの消費者は、その原因が炊飯器にあるとは思わない。日常的に起きること、当たり前のことだと考えて、すぐに忘れてしまう。

購入したコメの銘柄が以前とは異なり、最適な水加減などが違っている可能性もある。しかし「よくあることだ」と思うだけで、原因を突き詰めることは少ない。そんな「当たり前」を疑い、あきらめずに不便や不満を解消しようとすることが、アイリスの「なるほど開発」の出発点となる。

「当たり前の不便」を先回りして解消

このほか、仕事帰りに夕食に必要な食材を買いに行き「牛乳はまだ冷蔵庫にあったか」「卵は何個ぐらい残っているか」と悩むような場面は多い。家族が自宅にいれば確認を頼めるが、留守にしている。思い切って買って帰れば庫内にあり、買わずに帰ると残っていない。そんな「よくあること」を解消するため、アイリスは2022年2月に「カメラ付き冷凍冷蔵庫」を発売した。

冷蔵室内にネットワークカメラを設置し、扉を開閉した後で庫内を撮影してクラウドに保存する。画像はアプリを使ってスマートフォンで確認できる。アプリには庫内にある食材の名称や個数、賞味期限を手動で登録し、期限が近い食材を通知する機能も持たせた。食材の買い忘れや二重購入、期限切れによる廃棄を防ぐことにつながる。発想としては冷蔵庫の表面に買い物リストや食材の賞味期限を書いたメモを貼り付けておき、家族で情報共有することと変わらない。そんな「単純な発想」とネットワーク技術を組み合わせて完成した商品だ。

アイリスが「スマート冷蔵庫」と呼ぶこの商品が今後、どこまで普及するかは見通しにくい。しかし過去にテレビなどの家電を操作するには生活者が離れた場所から製品に近づき、スイッチやチャンネルに触れるのが「当たり前」だった。リモコンが開発された当初は「そんな物を使う必要がどこにあるのか」と考える人もいたかもしれない。それでもリモコンは現在、あって当然の付属品になった。生活者も気づいていない「当たり前の不便」を発見し、先回りして解消する。それがアイリスの流儀であり、強みでもある。

［図表4-7］

いまの「無駄」が将来の必須になる可能性

1. 中身をネットワークカメラで確認できる冷蔵庫を発売

↓

2. 消費者が確認機能にどこまで価値を感じるかは不透明

↓

3. かつてテレビなどの操作は直接触るのが当然

↓

4. 現在はリモコンによる操作が一般的

↓

5. 「無駄」の定義は時代によって変わり続ける

一方で、新商品の開発と発売に力を入れるアイリスが決して軽視してはいけないのが販売後のフォローアップだ。家電製品には使い方を誤れば負傷などの事態につながるものもあり、正しい使い方を伝え続ける努力は欠かせない。不具合などがあれば速やかに告知し、無償交換することも必要だ。

日立製作所やパナソニックホールディングスといった電機大手と比べればアイリスの家電開発の歴史は浅く、それだけ危機対応の経験も少ないのが実態だ。製造業として消費者の信頼を得るための基盤であり、今後も体制の整備を続けることが求められる。

会長も自身の失敗を示す

「失敗の力」を糧にするアイリスオーヤマでは、大山健太郎会長も自身の失敗を明らかにしている。日本経済新聞の連載記事「私の履歴書」を基にした書籍では、2001年に作家の畑正憲氏に協力を依頼してペットフード「ムツゴロウのペット王国」を発売したことを記した。話題性は大きく前評判も高かったが、一般的な製品よりも2割高い価格設定などが影響し、販売は苦戦した。大山氏は撤退を決断し、発売から約2年で製造を中止することになった。

それでも大山会長は「多額の販促費を投じてブランド構築をはかる作戦とは決別し、長所や利点がシンプルで分かりやすく、手ごろな価格で質もいい。そんな従来の路線に立ち返った」と書いている。商品開発における「シンプル、リーズナブル、グッド」の原点になったともいえる出来事だ。「失敗は痛い。しかしバッターボックスに立たなければヒットもホームランも打てない。長い目でみればリスクを取らない会社こそ衰退する」。自身の失敗を部下たちに示し、挑戦を促している。

再挑戦の機会はある

経営トップが「駄目ならば私が責任を取るから、君たちは不安を持たずにチャレンジしなさい」と口にすることは重要だ。しかし、それ以上に大事なのは挑戦して失敗した社員を、どのように処遇するかにある。手のひらを返して失敗を責め、責任を押しつけて降格させるようなことがあれば、その光景は多くの社員が見ている。一方で、会社に大きな損害を与えるような失敗をした社員でも評価が横並びならば、それも組織の士気や規律に影響する。

大切なのは企業のルールとして社員がチャレンジする姿勢を尊重し、失敗しても再挑戦の機会はあるという仕組みを明確にしておくことだ。大山健太郎会長はアイリスの人事評価について「主体性がないと評価されない」と表現する。主体的に様々なアイデアを出して形に残し、利益を生み出す社員は高い評価を受け、素早く昇格する。一方で、成績が下位1割に入れば「イエローカード」が出て、メンター役の社員と一緒になって改善の道を

［図表4-8］

失敗と再挑戦を許容する文化をつくる

❶ トップが「駄目なら私が責任を取る」と挑戦を推奨

↓

❷〈プロジェクトが失敗すると部下を叱責し、降格させた場合〉

↓

❸ その経緯を見た他の社員は挑戦の意欲を無くす

↓

❹〈挑戦しなくても昇格する場合〉

↓

❺ 組織の士気や規律に悪影響

↓

❻「次につながる失敗」も評価が必要

探る。この仕組みが象徴的だ。

　大きな成果を出した社員の足を周囲が引っ張るような「出る杭《くい》が打たれる」組織では、社員に挑戦の意欲は湧かない。反対に、仕事に消極的でチャレンジする姿勢に乏しく、実績を残さない社員でも社歴によって横並びで昇格する企業ならば、リスクを負って挑戦するような士気は上がらない。

　企業が「失敗の力」を自社の成長に生かすためには、上司が部下の仕事の成果だけではなく、過程や目に見えない成果も丁寧に見極めることが必要だ。そして成功事例だけでなく「次につながる失敗」も正当に評価する姿勢が欠かせない。そうしなければ社内には「挑戦も失敗もしない社員」ばかり増えてしまう。多くの社員が前任者は手掛けてこなかったことに挑み、失敗し、それを踏まえて改善策を考えながら成功を目指す。そんなサイクルこそが組織全体の競争力の向上につながる。

第5章

変化の力

1 法人ビジネス企業の顔

自社の姿を次々と変える

家電製品やペット用品、透明な収納ケースなど消費者向け商品で知られるアイリスオーヤマには、法人向けの「B to Bビジネス」を手掛ける企業という顔もある。2022年7月には「ストアソリューション事業」の名称で、小売店の省エネルギー対策や省人化、マーケティングなどを支援する事業に参入すると発表した。主力商品の一つであるLED照明と無線を使った照明調節技術を組み合わせて節電につなげたり、AIカメラなどを使った来店客の属性分析とPOSデータを連動させて販売予測をしたりといったサービスを提供する事業だ。

こんな法人向けビジネスへ本格的に取り組む出発点となったのが、2018年に始めた建築内装資材だ。アイリスはLED照明を小売店やオフィス、工場や公共施設に納入してきた。これで建設会社などとの関係が深まり、内装資材を自社の技術を生かせる新たな分野になると判断した。最初は消火器ボックスや手すりなど、ごく単純な資材からスタートした。

内装資材事業に参入した当時は東京五輪・パラリンピックに伴う関連施設の建設が本格的に始まった時期で、多くの関連需要が生まれていた。しかし消費者向け商品が主体のアイリスが資材事業を手掛けても、大きく成長させられると予想する人は少なかった。消費者向けのBtoCとBtoBでは取引の形態や、商品開発に求められるものが異なるからだ。しかし新型コロナウイルスの流行に伴って体温も測れるカメラの販売が増えるなど、現在では法人向けビジネスが主要事業の一つに育ちつつある。

アイリスオーヤマはプラスチック加工の下請け工場時代から法人ビジネスも手掛ける現在まで、新事業への参入を繰り返して自社の姿を次々に変えてきた。この章ではアイリスが持つ「変化の力」の背景に迫る。

［ 図表5-1 ］

アイリスオーヤマは法人向けビジネスも手掛ける

❶ LED照明を商業施設やオフィス、工場などに納入

↓

❷ 建設会社などと関係が深まる

↓

❸ 手すりなどの単純な資材から建築内装事業を開始

↓

❹ 小売店の省エネや省人化などの支援事業にも参入

自社の業種を限定してはいけない

自社を変革するため新規事業に取り組む企業はスタートアップとの連携などを通じて、あえて既存事業との関連が薄いビジネス、言い換えれば「遠い領域」に取り組む場合がある。必要な人材や技術は社外から呼び込むケースも多い。しかし大山健太郎会長は「アイリスのビジネスは一歩一歩だ」と語り、関係性が低い事業へと大きく踏み出す手法を否定する。「飛び地」のような事業を目指すのではなく、既存の技術や人材を最大限に生かし、得意分野に近い事業を見つけて一つずつ手掛けていく戦略だ。そして「自社の業種を限定してはいけない」とも説く。

この言葉は、どういうことを意味するのか。自分たちを家電メーカーや日用品メーカーなどと定義すると、社員の発想がその範囲内にとどまる懸念がある。そうすると、どんなことが起きるか。技術者が日常生活で隠れた不満や不便に気づいても「うちの会社には関係ないことだ」と考えてしまいやすくなる。「ユーザーイン」を重視するアイリスでは、まず解決すべき社会課題を見つけ、自社の技術蓄積を生かして克服する手法を考えるという順番で新規事業が始まる。そこに「業種別」の考え方は入らない。

実は、この発想は重厚長大産業の代表格である重工企業に似ている。日本の主要産業の一つだった造船やその関連事業から始まり、ここで磨いた大型の金属製品の精密加工といった技術を発電設備や環境機器などに生かした。移動体を扱う技術は航空機や自動車の主要部品、鉄道車両、宇宙ロケットといった分野へ発展し、それに付随して交通システムや物流機器なども手掛けるようになった。こんな流れが事業拡張の典型例だ。

企業としての規模は大きく異なるが、社会を支えるという存在意義が最初にあり、その目的を果たすため自社の技術を一歩ずつ「横展開」して事業分野を拡大してきた点は共通する。まるで末広がりの家系図のように、年月とともに事業が広がっている。

ロボットは「次の主役」

アイリスオーヤマは2022年2月、ソフトバンクロボティクスグループに100億円を出資したことを公表し、ロボットを共同開発する方針も明らかにした。アイリスにはロボットを駆使して生産工程の省人化を進めてきた蓄積があり、防犯カメラなどロボットと親和性が高い技術も持っている。ソフトバンクロボティクスの技術と組み合わせて、新たなサービス提供につなげる狙いがある。

両社は共同出資会社を設けており、店舗の清掃や飲食店での配膳を担うロボットを手掛けてきた。今回の出資を通じて、関係を一段と深める格好だ。アイリスの大山晃弘社長は記者会見で、出資の狙いについて「脱炭素や省エネルギー社会の実現に貢献するとともに、人間とサービスロボットの『協働』を実現したい」と述べた。

今回の100億円はロボットの研究開発などに使う予定だ。出資比率は明らかにしていないが、ソフトバンクロボティクスは記者会見で「マイナーな出資にあたる」と説明した。アイリスオーヤマは無線通信で照明などを制御し、センサーと連動させるような技術に強い。商業施設のトイレは現在、一定時間を空けたタイミングで清掃することが一般的だ。センサーやエレベーターとロボットを連動させ、利用があった後で清掃に入るなどの使い方を検討していく。大山社長は「日本は新型コロナウイルス禍に加えて、人口減少などの課題を抱える。ソフトバンクロボティクスとの連携を日本社会の課題解決につなげたい」と語った。

アイリスの大山健太郎会長は取材で「うちは日本で最もロボットを活用する企業だ」と

［図表5-2］

ロボットを新たな主要事業に位置づける

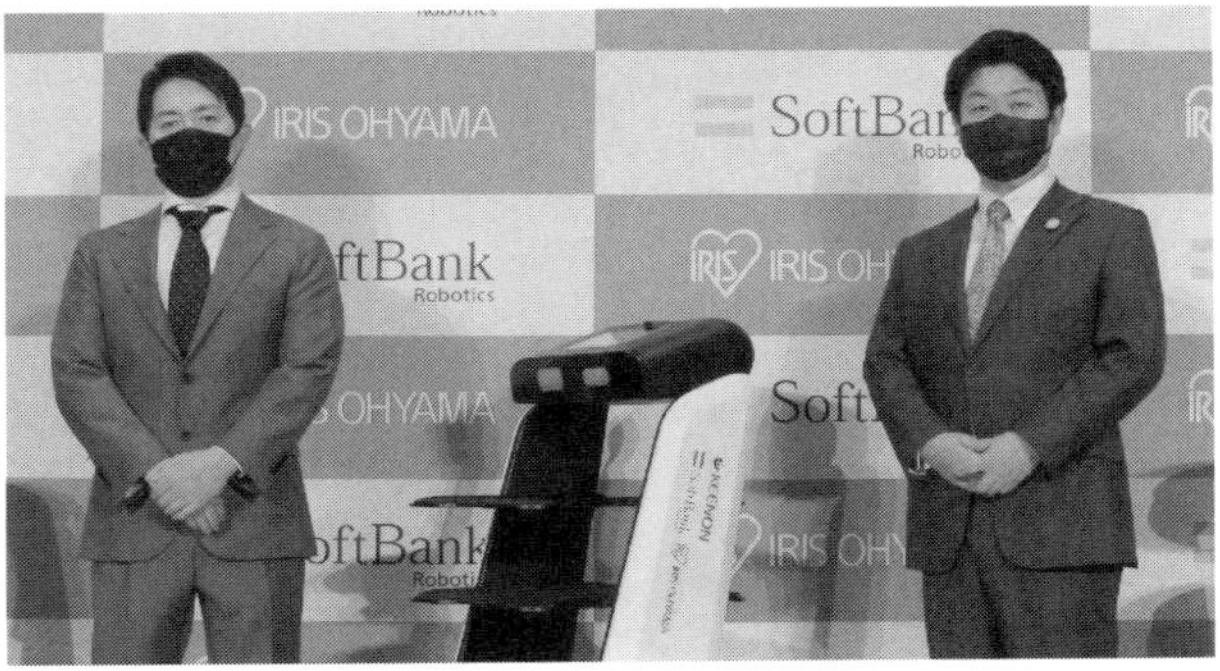

❶ ソフトバンクロボティクスに出資し、協業

↓

❷ 大山社長
「人間とサービスロボの『協働』を実現したい」

↓

❸ アイリスオーヤマにはロボと親和性が高い技術

↓

❹ 人口減少など日本が抱える課題の解決に寄与

語ったことがある。実際に国内外の生産拠点では多くのロボットが稼働し、自動化ラインを構築する多数の専門スタッフを社内に抱えることも明らかにした。さらに景況には関係なくロボットを定期的に購入し、各地の工場に在庫してきた。用途が決まっていなくても資金を投じてロボットを確保し、自社の技術者が改良を加えて製造ラインで活用してきた格好だ。ロボットを効率よく応用する経験の蓄積は大きい。

ロボットは家電に続く主力領域の候補になる。アイリスには汎用ロボットを自社で改良してきた歴史があり、ロボットと親和性の高い複数の技術も持つ。テレビや白物家電などを開発する「総合家電メーカー」からロボットも主力事業に位置づける企業へと、さらに歩みを進める。

いまアイリスは逆風の中にいる。プラスチック加工製品は原料高の影響が大きく、家電などは海外生産が多いため為替の円安傾向がコストを押し上げる。それでもアイリスは石油危機やバブル崩壊など逆風のたびに自社を変革し、新たな商機を見つけてきた。拡大ペースは当初の構想よりも落ちるが、企業としての成長を続けていることに変わりはない。

アイリスの競争力の源泉は、消費者の潜在的な需要を満たして「なるほど」と言わせる独自の商品開発力にある。消費者の不満は社会の様々な場面でたまっている。空気清浄機

[図表5-3]
ロボットを活用してきた蓄積は大きい

1. 大山会長「うちは日本で最もロボットを活用する企業」
↓
2. 国内外の生産拠点で多くのロボットが稼働
↓
3. 景況に関係なく定期的にロボを購入してきた歴史
↓
4. 汎用ロボットの改良経験を持つ技術者も多い

やLED照明など自社の強みである製品群とロボットを、どう組み合わせれば「なるほど」を引き出せるか。他社とは異なるロボットの活用術を示すことが求められる。

そして2022年3月には台湾で子会社を通じて清掃ロボットの販売を始めることを発表した。小売店や宿泊施設などでの利用を見込んでいる。家電製品などに続いてロボット事業でもグローバル化を急ぎ、さらに自社の姿を変革していく構えだ。

法規制の改正は変化の好機

このほか法律や規制の改正も、アイリスに変化を促す要因となる。２０２２年の夏には顔認証機能を備えたアルコール検知器を売り出すと発表した。飲酒運転の防止は社会的な課題であり、検知器で運転手の呼気を測定し、データを保存する動きが広がっている。

そこで開発したのが小売店の店頭などに設置する体温測定機能付きのＡＩカメラと電気化学式ガスセンサーを組み合わせ、顔認証で「なりすまし」を防ぎながら飲酒運転の防止や体調管理、データ保存までできる「アルコールチェッカー」だ。データの管理が必要なことを受けて検知器に記録機能を持たせることは一般的なアイデアだが、体温測定カメラと組み合わせるところに「一歩一歩」の発想がある。

食品衛生管理の認証である「ＨＡＣＣＰ」に対応することを目的に、冷凍庫や冷蔵ケースの温度を自動で測定し、集約するサービスを提供することも公表した。無線制御システムを応用し、パソコンやタブレットでデータを簡単に把握できる仕組みだ。大手ドラッグストアチェーンで採用が決まったことも公表した。

ＢtoＢ事業は炊飯器やクリーナーといったアイリスの家電製品をテレビＣＭなどで知ることが多い一般消費者の目には触れないが、着実に成長している。

「教育関連資材メーカー」としての顔も

そして教育現場も一種のＢtoＢということができる。アイリスは「書けるプロジェクター」を発売すると２０２２年６月に発表した。スクリーンの映像に文字や図などを書き込める機能を持たせたプロジェクターだ。書き込んだ画面の保存や配布ができる機能もある。

国が打ち出した「ＧＩＧＡスクール構想」に対応する形で、教育現場では「電子黒板機能」を備えた大型掲示装置の需要が拡大している。教師が一方的に講義するのではなく、生徒が能動的に考えて学ぶ「アクティブラーニング」の道具としても必要性が高い機器だ。

実はアイリスには教育関連資材のメーカーという顔もある。グループ会社で教室やセミナー会場などで使う机や椅子、ロッカーを手掛けており、複数の大学や高校、専門学校などに納入実績がある。教育現場の情景が変われば、それに応じてアイリスオーヤマが納入する商品も変わっていく。そんな変化の象徴ともいえる。

教育の現場では教師や生徒が機器や資材の「ユーザー」にあたる。どんな潜在需要があり、どのような機能を示せば「なるほど」を引き出せるのか。ユーザーインの発想は、ここでも共通している。

2 「一歩一歩」の流れ

19歳で経営者に

アイリスオーヤマの大山健太郎会長は1945年に8人きょうだいの長男として生まれた。同居していた祖父は教養人で、一緒に寝るときは論語を読み聞かせてくれていたと大山会長は振り返る。「『人生は一度きりだ。何のために生まれてきたか考えなさい』と言われたことを覚えている。私は自分で言うのもなんだが正義感が強い人間だと思っており、このころに素地ができた気がする」。2021年の取材では、こう語っていた。

大山会長の父が営んでいた大山ブロー工業所はプラスチック加工の下請け工場で、加工賃が収入源だった。大山氏も中学生になると日曜に仕事を手伝い、仕事の手順を学んだ。

［図表5-4］

大山会長は19歳で経営者に

❶ 8人きょうだいの長男で、父の死去に伴い家業を継承

↓

❷ プラスチック加工の下請け工場で「要求にはすべてイエス」

↓

❸「便利な下請けがいる」と評判で、仕事を選ぶことが可能に

↓

❹「一生、下請けは嫌だ」との思いで独自商品を開発

地元の布施高校に入ると映画部に所属し、文化祭では脚本を書いて8ミリ映画を撮影した。「将来は映画監督になりたい」という夢も持ったが、実際のところは「長男だから、実家の工場を継ぐことになるのだろうな」と漠然と考えていた。

そんなとき、大山氏の父の体にがんが見つかる。42歳で父親が死去したとき、大山氏は19歳になったばかりだった。「自分には、きょうだいたちと工場、5人の従業員を守る責任がある」と考えて大学への進学を断念し、その瞬間から経営者としての人生が始まった。

「大変な状況だったが、いま振り返っても他の選択肢は存在せず、迷いのない決断だった。私は楽観的な人間で、夢が絶たれたことを嘆いても仕方がない。自分にできることをするだけだと決心した」。大山氏は当時の心境を、こう語った。

「下請けのおやじ」で終わりたくない

父から工場を引き継いで最初に考えたのは「大山ブロー工業所の強みは何だろうか」ということだった。下請けの工場であり、飛び抜けて優れた技術を持っていたわけではなかった。「強みは自分の若さしかない」。そう気づいた大山氏は自分の体力を限界まで使うことにする。そして「取引先の要求には常にイエスで応じる」と決めた。

そう決めてからは、納期やコストなどが厳しい仕事も片っ端から受注した。そして午前8時から午後6時まで工場を操業すると従業員を帰らせて、1人で翌朝まで機械を動かした。夜が明けると朝食をとって営業に出かけ、昼に仮眠して夕方は配達する。夜になるとまた機械を動かす。そんな毎日だった。「若かったので4時間も寝れば十分だった」と大山氏はハードワークの日々を振り返る。

そして大山氏は常に「経営者としてアドバンテージ（優位性）を持ちたい」と考えていた。この時期のアドバンテージとは何か。難しい仕事に「イエス」と答え続けていると取引先の間で「便利な下請けがいる」と話題になり、営業をかけなくても仕事が舞い込むようになった。そうなれば、取引関係に変化が出てくる。それまでは「常にイエス」だったが、大山氏の方で仕事を選ぶことができるようになった。あくまで下請けではあるが、少しでも条件が良い案件を選択できる立場になった格好だ。

それでもこの時期は資金繰りや人員の確保など、いろいろなことに苦労していた。特に採用では歴史が浅くて知名度も低く、社長が20代の会社に来てくれる人は、なかなか存在しない。「採用活動というよりも、仲間を募るような感覚だった」と当時を振り返る。

大阪には電機メーカーやその関連企業が多く、下請けを続ければ工場を存続できる目算は立ちつつあった。しかし大山氏は、それに満足できなかった。アドバンテージとともに大切にしてきたことが「主体性」だ。案件を自分で選べると言っても、発注元に指示されたことに従うという点は変わらない。

そんな経験を繰り返していくうちに「自社製品を持ち、商品の価格を自由に決めて自前で売りたい。下請けのおやじで一生を終えるのは嫌だ」と強く思うようになった。アイリスオーヤマは商品開発を非常に重視し、新商品を次々に出し続ける会社だ。「その原点かもしれない」と自ら解説する。

「単品経営」のリスク

「自社製品を持ちたい」と考えても、何を作ればいいのか見当も付かなかった。いろいろな人に相談すると「真珠の養殖に使うブイならばプラスチックの技術が使えるんじゃないか」と教えてくれる人がいた。これが転機となる。当時、アコヤ貝を海中につるすためのブイはガラス製が主体で割れやすく、扱いづらいので代替素材が求められていた。「ガラス瓶がプラスチック製に代わったように、これからはブイもプラスチックが主流になる」。そう考えた大山氏は球状よりも安定性に優れるラグビーボール状のブイを開発し、三重県などの真珠養殖事業者に自身で売り込みをかけていった。

大山氏は見本のブイを抱え、養殖事業者の事務所に飛び込み営業を繰り返す。最初は相手にされなかったが、使い勝手が評価されると三重県や四国、九州などで徐々に採用が広がっていく。作れば作るほど売れた時期もあった。自社製品に手応えを感じた大山氏だが、この好調は長くは続かなかった。

そのころ英国人モデルのツイッギーさんが来日したことで「ミニスカートブーム」が日本でも起こる。当時の真珠は落ち着いた雰囲気のドレスやスーツにあわせることが多く、ミニスカートのようなカジュアルな装いにはあわないとされていた。ファッショントレンドの変化で真珠の需要は急速に縮小し、養殖事業者が次々に廃業していく。それにつれてアイリスの事業も急ブレーキがかかってしまった。

この出来事を通して大山氏が気づいたのは、流行に乗る怖さと「単品経営」の危うさだった。養殖ブイが好調だからといって単品に力を注ぎすぎて、過度なリスクを負ってしま

[図表5-5]

独自商品は養殖ブイから始まった

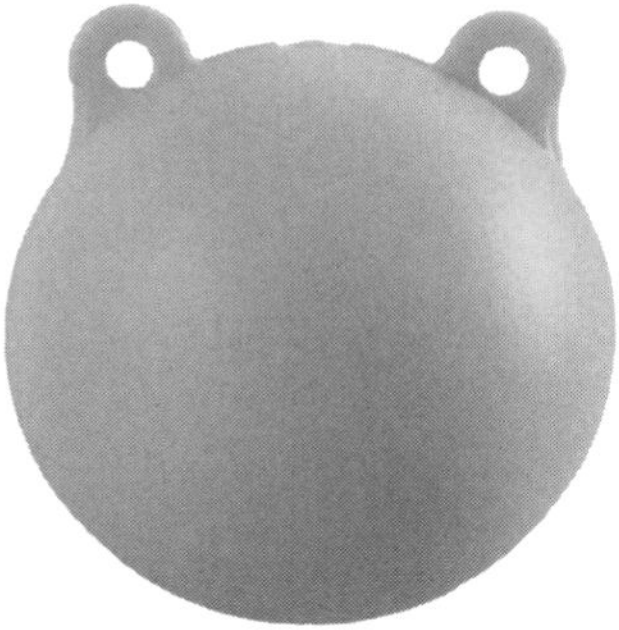

❶ アコヤ貝を海中につるすブイはガラス製が一般的だった

↓

❷ プラスチックで作ることに成功し、養殖事業者に出荷

↓

❸ 売り上げを伸ばしていた時期にファッショントレンドが変化

↓

❹ 真珠の需要が減少し、養殖事業者が相次ぎ廃業

↓

❺ 出荷が急減し、単品経営のリスクを痛感

った。

現在ではアイリスオーヤマの商品数は約2万5000点に達する。単品経営とは正反対の姿勢で、生活者や企業などのあらゆる潜在需要を探っている格好だ。そしてヒット商品が登場しても、それだけには依存しない。商品ラインアップを常に更新し、自社の姿を変化させ続けている。

3 メーカーベンダーへの転換

園芸用品からペット用品へ

アイリスオーヤマは予想外の状況に陥った養殖ブイを起点として、事業をどのように変化させていったのか。まず1970年代に取り組んだのが農業資材だった。田植え機に必要な「育苗箱」をプラスチックで製造し、これが北海道や東北の農家に受け入れられてヒット商品となる。

1980年代になると農業資材の経験を生かせる分野として、園芸用品を選んだ。植木鉢やプランターは「素焼き」が一般的だったが、アイリスの得意技術であるプラスチックで生産し、ホームセンターへの納入を始めた。これが後に様々な日用品でホームセンター

［図表5-6］

大山会長の実体験が透明収納ケースにつながった

1. 寒い朝に釣りへ行くため自宅でセーターを探す

↓

2. 当時の衣類ケースは色つきで、外から中身が見えない

↓

3. 生活者としての不満を発見

↓

4. 透明な素材で「必要な者を探せる収納ケース」を開発

との関係を深める契機となった。

続いて、やはりプラスチックでの蓄積を生かせる分野として進出したのがペット用品だ。1987年に「ペットはファミリー」を合言葉に参入し、犬舎や移動用のキャリーなどを開発した。現代の日本では少子化もあってペットは家族の一員という感覚も一般的だが、当時としては先進的なコンセプトだった。大山健太郎会長は「企業にとって最も重要なのは需要を生み出すことだ」と説く。需要がある分野を追いかけるのではなく、自社が需要をつくりだす。そんな「需要創造」の典型例だった。

次に踏み出したのがアイリスオーヤマを大きく成長させた商品である透明な収納ケ

ースだ。その開発は大山会長の個人的な体験から始まった。5月の寒い早朝、釣りに行こうとした大山氏は厚手のセーターを自宅で探していた。最近の衣類ケースは透明であることが一般的だが、当時は色つきで、外から中身が見えない収納箱にしまっていた。次々に箱を開けるが、セーターは見つからない。「中身が外から見えないから、こんな苦労をするんだ」。自身の行動で、生活者としての不満を発見した。

当時の収納ケースは不透明なポリプロピレン樹脂を使い、見た目を良くするために着色することが「常識」だった。大山氏はこの常識を疑い、メーカーと連携して透明で安価なポリプロピレン樹脂を開発する。収納用品に「しまう」役割だけでなく、中身が一目で分かるという「探せる」機能も持たせたクリア収納ケースは新たな需要を創造し、現在にもつながるアイリスの主要商品に育った。

「問屋の壁」を崩す

この時期からアイリスは、有力な新商品を開発してもホームセンターなどの店頭に十分な量が並ばないという事態に悩み始めていた。まだ東北の「無名企業」であり、商品を買い付ける問屋は売れ残りに伴う在庫リスクを恐れて発注量を抑えがちだったからだ。大山氏は問屋を通すことで自社の商品が消費者に届かない事態を「問屋の壁」に突き当たっていると感じた。そこで問屋を通さずに小売店との直接取引を始めようとするが、これは簡単なことではなかった。

当時の問屋は小売店を支援する役割を担い、新店舗の開業準備などに人手を割いていた。ホームセンターとの取引を拡大するには、アイリスもそれらの業務を担う必要があった。この業務負担は重く、社内では「問屋経由の取引に戻そう」という声も強かった。しかし大山氏は手間のかかるベンダー機能を、あえて自社で持つことを決断する。その背景には石油危機の時期に問屋から取引を拒否され、売上高が急減したという忘れられない記憶があった。主体性を重視する大山氏は、製造業と問屋を兼ねる「メーカーベンダー」へと自社を変革する道を選んだ。

消費者と直接つながるメリット

本来ならば問屋が果たすべき役割も担うため、社員の負担は大きくなった。メーカーが生産性を高めるには、少ない品種を大量に製造することが近道だ。しかしホームセンターなどの小売業と直接つながれば1回あたりの受注量は小さくなり、多品種少量の納品が求められる。そこだけ見れば効率は悪い。

一方で、いま店頭ではどんな商品が売れており、反対に不振な商品は何かという情報をリアルタイムで把握できるようになった。大山会長は、この状態を「野球で言えば、バッターがキャッチャーのサインを見ながら打席に立つようなもの」と例えたことがある。しかも小売店の現場を知る機会が増えたことで、供給者の立場を優先する姿勢から生活者の目線を重視する「ユーザーイン」へと社員の意識が変わる契機にもなった。

大山健太郎氏は社長職を大山晃弘氏に譲る直前に実施したインタビューで、経営者としての最大の功績について「メーカーベンダーというビジネスモデルを確立したこと」を挙げたことがある。アイリスが社員の負担を軽くすることを優先してメーカーベンダーの形態をあきらめ、問屋経由の取引を続けていたら、現在のような成長はなかったかもしれない。

そして消費者と直接つながったことは、意外な形での商品開発にもつながった。アイリスの主力商品の一つであるLED照明の起源が、園芸用品にあることを知る人は少ない。

植木鉢などと一緒に庭を飾るイルミネーションが、その商品だ。

アイリスは庭をきれいに見せたいという消費者の潜在需要を見つけ、イルミネーションの道具として電力消費が少ないLEDを使っていた。それが照明器具に発展した格好だ。東日本大震災の後で各地の原子力発電所が稼働を止めて電力不足が懸念され始めた時期に、LED照明事業として大きく成長した。プラスチック関連技術が強みのアイリスだが、過去に「イルミネーションは自分たちに関係ないことだ」と考えていたら、現在の主力事業の一つが成立していなかった可能性もある。

そしてLED照明は掃除機やエアコン、洗濯機といった家電事業にアイリスが取り組む出発点となった。生活者が必要としているもの、不便に思っていることを見つけたら、自社の事業を「自己規制」せずに参入を検討していく。それが「変化の力」の源泉となっている。

コメ事業を手掛ける理由

いまスーパーなどの店頭にはアイリスオーヤマのコメやパックご飯が並んでいる。プラ

［図表5-7］

コメ事業でも独自性を発揮する

1 東日本大震災で仙台市の農業生産法人が経営破綻の寸前

↓

2 東北の農業振興へ支援決定

↓

3 セ氏15度以下の低温で精米できる設備を新設

↓

4 「生鮮食品」として小分けパックで販売

スチック加工から一歩一歩の姿勢で既存事業の近くへ進んできたアイリスが、なぜ食品事業を手掛けるのか。その発端は東日本大震災にさかのぼる。

2011年の東日本大震災では宮城県気仙沼市や南三陸町、岩手県大船渡市や陸前高田市などの沿岸部が津波で大きな被害を受けた。しかし仙台市も津波の被災地だ。地元の農家が主体となって設立した農業生産法人は農地の3分の2が浸水し、経営破綻の一歩手前まで追い込まれていた。

大山氏は被災地の復興と東北の農業振興につながると考え、支援を決める。そしてセ氏15度以下の低温で、24時間稼働で精米できる施設を宮城県内に建設した。大山会長はコメについて「生鮮食品なのだから、精米の過程で高温になれば品質が落ちるのは当然だ。我々は低温で精米できる設備を新設し、本来の味わいで消費者に届けられるようにした」と解説する。常識を疑い、生活者が抱える不満の解消をあきらめないアイリスの流儀だ。

そして3キログラムや5キログラムといった大袋で売るのが常識だったコメを、脱酸素剤も封入した小分けパックで売り出した。大山会長は言う。「食事の際には炊飯器で2合や3合ごとに炊くのに、店頭ではキログラム単位の大袋で売り、時間の経過とともに劣化していく。このギャップを解消したかった」

周囲からは「コメ事業がもうかるはずがない」という声も強く、当初は苦戦した。それでも2020年には黒字となった。事業の発端は社会貢献だったが、生活者の「なるほど」を引き出す努力を積み重ねて、収益につながった。

4 日本企業の生産性は必ず上がる

取引段階の無駄をなくす

いま日本の製造業の多くは低成長に苦しんでいる。それでも消費者の目線に立って「なるほど」と思ってもらえる「ものづくり」ができれば、成長の余地は大きいと大山会長は説く。そして生み出した新商品は無駄な機能を省いて「リーズナブル」な価格に設定するが、無理に利幅を削ることはしない。1割の利益を確保することが基本原則で、それを前提に素材や生産工程の見直しなど様々な工夫をしている。

日本企業は「時間あたりの生産性が低く、社員の働き方が良くない」と指摘されることもある。大山会長は、そんな見方を否定する。「日本には優秀な人材が多い。当社が世界各地に持つ工場の稼働初期は、日本から出張した社員が担っている。もっと自信を持ってほしい」と経営者たちに呼びかける。

「日本企業が世界一よいものを世界一安く作っていると断言できる。その半面で問屋など取引段階を増やす企業が多く、資材調達や取引のチェーンが長すぎる。そこで発生する無駄をなくせば、日本の生産性は必ず上がる」。こう提言する。

すべての製造業がメーカーベンダーになることは決して現実的ではない。しかし過去からの延長線上で、機械的に「他社任せ」にしている懸念がある過程を見直せば、結果的に自社のビジネスモデルを変革できる可能性はある。

そのうえで大山会長は「製造業の経営者の皆さんには、常にエンドユーザーを意識して、ものづくりをしてほしい」と語る。「自動車部品メーカーは納入先を最も意識するが、車を買う消費者の姿を最も強く頭に描きながら経営すれば、ものづくりの姿勢が変わってくるのではないか。日本企業の底力を見せて、成長を続けてほしい」と呼びかけている。

中間地点を目印として定める

企業が変革への道筋をたどることに関して、ヘリコプターのパイロットだった人物から聞いた言葉で思い出すことがある。飛行しながら道に迷わないためには遠い場所にある目的地を意識しながら、近い位置にも目印を設定することが重要なのだと教わった。

目的地の位置は決して見失わないようにしながら、そこに至る複数の中間地点を目印として決め、そこを通過しながらゴールを目指す。遠い場所にある目的地だけを見続けて飛ぶと、本来の航路から外れてしまうリスクがある。反対に近い場所だけを見ていては、目的地を見失う可能性が生まれる。

これを企業の変革にあわせて考えれば、目的地とは最終的に「なりたい姿」にあたる。なぜ自社を変革する必要があり、どんな形態を理想とするのか。経営者がこれらの事柄を明確に定め、社内外へ自らの言葉で打ち出し続ける行為に相当する。そして目的地へ確実に向かうために通過すべきポイントを幹部や現場社員と共有し、本来のルートを外れていないか検証しながら改革を進めていく。「変化の力」を蓄えながら手順を適切に進めれば、理想の姿が少しずつ近づいてくる。

このときに重要なのは、経営トップが自身の意思を部下たちに伝える努力を過剰なほどに重ねることだ。アイリスオーヤマが朝礼で経営陣の考えを全社員へ徹底するように、目的地や中間点を社内で確実に共有する取り組みが欠かせない。「変化の力」は「共有の力」と密接に絡み合っている。

5
ピンチをチャンスに

成長の理由は「運」ではない

アイリスオーヤマは日本や世界が危機的な状況にあり「いま苦戦しているのは、当社だけではない。仕方ないことだ」と多くの経営者が考えるようなタイミングで自社を成長させてきた。大山会長は言う。「『幸運ですね』と言われることもあるが、運が理由ではない。工場の稼働率を7割にとどめて常に空きスペースを確保する経営手法が象徴するように、目の前にビジネスチャンスが来たとき即座に対応できるような準備を整えているからだ。危機を好機に変える仕組みがある」。これもすべての企業が簡単にまねできることではないが「周囲から見れば無駄とも思える余裕を平時に保っておき、有事に備える」というスタイルには学ぶべきところがある。

「変わらずに生きるためには、変わり続けなくてはならない」という言葉がある。解釈は様々だが「守るべき理想があれば、それに近づくためには目の前の現実にあわせて自らを変える必要がある」と読み解くこともできる。

従業員が数人のプラスチック加工工場だった大山ブロー工業所を継いだ大山氏は「生活者の代弁者になる」という理想像を見つけ、どんな時代環境でも利益を出せる仕組みをつくると決意した。そして自社の姿を変えながら、事業の継続を目指している。もちろん変化することにはリスクがあり、新規事業が必ず企業の成長につながるとは限らない。アイリス自身も、すべての新規事業が成功したわけではない。

このほか様々な企業の歴史を振り返れば、バブル期には株式投資などの「財テク」を事業化して収益を拡大させようと考え、反対に経営が傾いたような会社もあった。

それでも変化を恐れて現状を維持する姿勢は、企業としての老化を招きかねない。自社が変化に備えて持っておくことができる「無駄」はどれだけ存在し、どの局面でリスクを背負って新しいことを始めるのか。うまくいかなかったら、どこで撤退や方向転換に踏み切るのか。これらを経営者が考え、部下の失敗を許容しながら、また新たな一歩を踏み出す。その繰り返しが自社の「変化の力」を高め、若さを保つことにつながる。

潜在的な「変化の力」を引き出す

アイリスオーヤマは企業理念として「会社の目的は永遠に存続すること」を掲げている。もちろん実現するのは非常に困難で、簡単に宣言できることではない。だからこそ、それを目指し続けることが企業としての原点だ。

それでは多くの企業で自社の目的や理想像は何であり、それを達成するにはどんな変革や知恵が必要なのか。言い換えれば、自分たちの会社が潜在的に持つ「変化の力」を引き出すには、どうすればいいのか。経営者や幹部の一人ひとりが、改めて考えてみる必要がある。その試行錯誤が、会社を強くする一助になる。

そして自身が実質的な創業者といえる大山健太郎会長はスタートアップを興す起業家にもエールを送る。日本経済新聞社が２０２２年11月に仙台市内で開いたスタートアップの事業モデルコンテストの講評で「社会は常に変化している。変化するということは既存企業にとってのピンチだが、新しい企業にはチャンスだ。変化が大きい時代には、小回りが

［ 図表5-8 ］
大山会長から経営者たちへの提言

「日本企業は世界一よいものを世界一安く作っているが、
資材調達や取引のチェーンが長すぎる」

「チェーンで発生する無駄をなくせば、日本の生産性は必ず上がる」

「製造業の経営者はエンドユーザーを常に意識してほしい」

「目の前のビジネスチャンスに即座に対応できる準備が重要」

「起業家には『志』を持ってほしい。
変化が激しい時代は小規模企業のチャンスだ」

利く企業の方がビジネスチャンスがある」と説いた。大手企業でもスタートアップでも「変化の力」を備えた会社こそが、様々なことが激しく移り変わる時代に好機をつかむことができる。

そしてアイリスオーヤマ自身も2023年1月30日には静岡県裾野市の工業団地で土地と建物を取得し、飲料水の生産や物流の拠点を設けると発表した。飲料水を含む食品事業に力を入れる狙いがある。

大山会長は「当社は宮城県が本社だが、第二の本社が静岡県にできるという意気込みで、将来へ向けた雇用と投資を続ける」とコメントした。さらに新たな姿への変化を目指し、歩みを進めている。

あとがき

かつてアイリスオーヤマを新聞記事で取り上げる際には「生活用品の製造卸を手掛けるアイリスオーヤマ」などと、社名の前に説明文を付けるのが慣例でした。宮城県に本社を置く地方企業であり、全国の読者の多くはその存在をよく知らないから、という前提です。いま同じ文言を付けた原稿を読んだら、むしろ読者は実態との違いに違和感を覚えるかもしれません。それほどまでにアイリスの知名度は上がり、事業範囲も広がりました。

アイリスオーヤマについて日経産業新聞や日経電子版で解説原稿を掲載すると、幅広い読者から多くのアクセスや反響を集めました。関心の高さがうかがえます。それでは多くの読者が興味を持つ理由は何なのでしょうか。

まず東北を拠点とする非上場企業であり、その実態を知る機会が少ないことが挙げられます。大山健太郎会長が自身の経営論を語った本は複数あります。しかし「外部の目」を通じてアイリスの長所や課題を描き出した書籍は、あまり存在しませんでした。

そして上場企業ならばアナリストなどの専門家が開示情報を見ながら様々な分析を加えますが、非上場会社のため公開されるデータも非常に限られています。テレビCMやSNSでのユニークな情報発信でアイリスの新商品が消費者の目に触れる機会は増えましたが、企業としての実態や経営手法を知る機会は必ずしも多くありません。

今回、日経産業新聞の連載や日経電子版の企画記事を下敷きにして原稿を書き下ろすにあたり、二つのことを心がけました。一つは大山健太郎会長や大山晃弘社長の肉声を活字で残し、その意味するものを分かりやすく解説することです。もう一つは幹部の皆さんや現場の方々が何をモチベーションとして働き、それがアイリスオーヤマの強さとどのように結びついているのかを示すことでした。

タイトルに「5つの力」とつけたのは、過去の取材内容からアイリスの強みを分析し、それぞれの特徴や課題を考えた結果です。独特な人事制度を持ち、様々なものを共有することがアイリスの経営の根幹にあります。そして地方に根を張り、失敗を恐れずに変化を起こしてきました。

お読みいただければ分かるように、企業や経営者の成功体験だけで構成した書籍ではありません。対処すべき問題も抱えています。それでもアイリスオーヤマが歩んできた道には、経営者をはじめとする多くの企業関係者にとって参考になるものが多いと考えています。自社にプラスとなる内容を抜き出して経営判断や組織運営、毎日のミーティングに取り入れていただければ幸いです。大山会長の言葉を借りれば、皆さんの心に火をつけるような内容がどこかにあったならば、これに勝る幸せはありません。

書籍の基礎となる取材では大山健太郎会長や大山晃弘社長をはじめとするアイリスオーヤマの皆さまに、様々な場面でご協力いただきました。本当にありがとうございます。書籍化にあたっては日経ＢＰの赤木裕介氏に原稿の構成などをご指導いただきました。書籍化を承認してくださった日本経済新聞社の鈴木哲也さん、松井健さん、漆間泰志さんに感謝します。最後に普段から苦労をかけてばかりの妻、真由子への謝意を述べて終わりたいと思います。

皆さま、お読みいただきまして誠にありがとうございました。

２０２３年５月

日本経済新聞社　日経産業新聞副編集長　村松　進

村松 進（むらまつ・すすむ） **日経産業新聞副編集長**
1971年和歌山県生まれ。94年に早稲田大学政治経済学部を卒業し、日本経済新聞社に入社。東京本社や大阪本社、甲府支局、仙台支局で一貫して企業報道を担当し、ヘルスケア分野の取材経験が長い。2014年に企業報道部次長、20年から現職。

アイリスオーヤマ **強さを生み出す5つの力**

2023年5月25日　1版1刷

著　者 ―― 村松進

発行者 ―― 國分正哉
発　行 ―― 株式会社日経ＢＰ
日本経済新聞出版
発　売 ―― 株式会社日経ＢＰマーケティング
〒105-8308　東京都港区虎ノ門4-3-12

ブックデザイン ―― 野網雄太
印刷・製本 ―― 三松堂株式会社

ISBN978-4-296-11580-8
Printed in Japan